NICOLE BOEHM

ANA JAKIĆ

Customer Journey in der Automobilbranche

–

eine Analyse vor dem Hintergrund der Markenpersönlichkeit

FGM-Verlag

Verlag der FGM Fördergesellschaft Marketing e. V.

an der Ludwig-Maximilians-Universität München

Arbeitspapier zur Schriftenreihe SCHWERPUNKT MARKETING Band 211

Herausgeber: Univ.-Prof. Dr. Paul W. Meyer †/Univ.-Prof. Dr. Anton Meyer

Boehm, Nicole; Jakić, Ana
Customer Journey in der Automobilbranche – eine Analyse vor dem Hintergrund der Markenpersönlichkeit
FGM-Verl., Verl. der Fördergesellschaft Marketing e.V., 2015
(Arbeitspapier zur Schriftenreihe Schwerpunkt Marketing; Bd. 211)
ISBN 978-3-945496-08-4

FGM Fördergesellschaft Marketing e.V. an der LMU München, Ludwigstr. 28 RG, 80539 München, www.marketingworld.de, Telefon 089/2180-2448, Telefax 089/2180-3322

Druck: Books on Demand GmbH, Norderstedt

ISBN 978-3-945496-08-4

Inhaltsverzeichnis

Abbildungsverzeichnis

Anhangsverzeichnis

Abkürzungsverzeichnis

Abb	Abbildung
BPS	Brand Personality Scale
CT	Customer Touchpoint
P	Proband
PR	Public Relations
WOM	Word-of-Mouth

1 Einleitung

Unternehmen bedienen sich in der heutigen Zeit zunehmend vieler Kommunikationskanäle zur Kundenansprache.[1] Dies bedingt eine Analyse, welche Kanäle vom Konsumenten wann genutzt werden. Die sogenannte Customer Journey bietet hier eine gute Möglichkeit, die "Reise des Kunden" über verschiedene Kontaktpunkte hinweg nachzuverfolgen.[2]

1.1 Relevanz in Theorie und Praxis

Die Unternehmensphilosophien vieler Unternehmen zeichnen sich gegenwärtig immer stärker durch Kundenorientierung aus.[3] Ziel der Unternehmen ist es auf individuelle Informations- und Kommunikationsbedürfnisse jedes Einzelnen einzugehen,[4] Produkte individualisiert anzubieten und von der Form der Massenmärkte immer mehr Abstand zu nehmen.[5] Um diese Individualität zu gewährleisten ist es unvermeidlich, die Kunden über diverse Vertriebs- und Kommunikationskanäle anzusprechen.

Die fortschreitende Digitalisierung ist ein weiterer Grund für die zunehmende Anzahl an Kanälen und damit auch potenziellen Kundenkontaktpunkten (Customer Touchpoints). Der aus der Digitalisierung resultierende Trend des crossmedialen Marketings, in dem Online-Kanäle mit den klassischen Offline-Kanälen immer stärker verzahnt sind,[6] zwingt die Unternehmen jeden ihrer spezifischen Kontaktpunkte zu bedienen. Vor allem das Internet ist für die Kundenansprache von enormer Bedeutung[7]. Die DoubleClick Studie stellte 2006 fest: „The web influences purchase decisions more than any other factors“[8].

Das aus Kundensicht immer breiter werdende Angebot an Informations- und Kommunikationsmöglichkeiten ermöglicht den Konsumenten die Kontaktpunkte selbst individuell auszuwählen und damit den Kontakt zum Unternehmen eigen-

---

[1] Vgl. Gensler, Verhoef, und Böhm (2012), S. 988; Valentini, Montaguti, und Neslin (2011), S. 72.
[2] Vgl. Holland und Flocke (2014), S. 826.
[3] Vgl. Hefner (2010), S. 27.
[4] Vgl. Bruhn und Ahlers (2007), S. 395.
[5] Vgl. Hefner (2010), S. 27.
[6] Vgl. Holland und Flocke (2014), S. 826.
[7] Vgl. Hefner (2010), S 29; Edelman (2010), S. 64.
[8] DoubleClick (2006), S. 2.

ständig zu bestimmen.[9] Für Unternehmen ist es deshalb notwendig und gleichermaßen erfolgsentscheidend, alle Customer Touchpoints zu berücksichtigen und sowohl detailliert als auch kontinuierlich mit den gleichen Inhalten und Eindrücken zu gestalten.[10] Je konkreter die Positionierung an allen Customer Touchpoints umgesetzt wird, desto klarer wird die Marke in den Köpfen der Konsumenten verankert.[11]

Die Positionierung der Marke ist nicht nur hinsichtlich der Differenzierung von anderen Wettbewerbern erfolgsentscheidend,[12] vielmehr gewinnt die systematische Markenführung vor dem Hintergrund der immens steigenden Anzahl an Marken auf dem Markt[13] immer mehr an Bedeutung. Laut Biel wird der Wert einer Marke entscheidend vom Markenimage beeinflusst.[14] Die Markenpersönlichkeit, als ein Teil des Markenimages,[15] ist ein zentraler Einflussfaktor des Markenwertes und bildet somit eine Basis für den Unternehmenserfolg. Eine gut geführte Marke mit Persönlichkeit hebt sich vor allem dann vom Konkurrenzfeld positiv ab, wenn diese „mit zentralen Ausprägungen der Konsumentenpersönlichkeit übereinstimmt"[16].

In Zeiten des „Information Overload", in denen Konsumenten mit einem großen Angebot von nicht ausdrücklich angeforderten Informationen überlastet werden,[17] gewinnt die Markenpersönlichkeit zudem mehr an Bedeutung, da sie vermehrt als zentrales Kaufentscheidungskriterium genutzt wird.[18] Die erhöhte Reizüberflutung impliziert für viele Konsumenten „less satisfaction, less confidence, and more confusion"[19] während des Kaufentscheidungsprozesses. In solch einer Situation bevorzugt der Konsument einfache, leicht zu verarbeitende, bildhafte Darstellungen und Informationen, die beim Kunden in Form von Persönlichkeitsmerkmalen verankert sind.[20] Die Kaufentscheidung und die da-

[9] Vgl. Bruhn und Ahlers (2007). S. 396.
[10] Vgl. Esch, Brunner, Gawlowski, Knörle, und Krieger (2010), S. 8; Hefner (2010), S. 29; Rawson, Duncan, und Jones (2013), S. 3.
[11] Vgl. Esch et al. (2010), S. 9.
[12] Vgl. Gaiser (2011), S. 5; Meffert, Burmann, und Kirchgeorg (2011), S. 367.
[13] Vgl. Deutsches Patent- und Markenamt (2013), S. 27.
[14] Vgl. Biel (2001), S. 70ff.
[15] Vgl. Schindler (2008), S. 27; Bauer, Mäder, und Huber (2002), S. 687; Biel (2001), S. 72.
[16] Bauer et al. (2002), S. 704.
[17] Vgl. Holton und Chyi (2012), S. 19; Edmunds und Morris (2000), S. 619f; Lee und Lee (2004), S. 160.
[18] Vgl. Waller, Süss, und Bircher (2007), S. 9; Göttgens und Böhme (2005), S. 44f.
[19] Lee und Lee (2004), S. 177; vgl. auch Edmunds und Morris (2000), S. 18.
[20] Vgl. Waller et al. (2007), S. 9.

mit verbundene Customer Journey werden folglich maßgeblich von der vom Konsumenten assoziierten Persönlichkeit einer Marke beeinflusst.

Neben der steigenden wissenschaftlichen Bedeutung des Konzepts der Customer Journey setzen sich auch viele Agenturen und Werbetreibende mit der Analyse und Gestaltung der Customer Journey auseinander.[21] Darüber hinaus ist die Markenpersönlichkeit ein bedeutendes wissenschaftliches Konstrukt.[22] Dennoch wurde in der Wissenschaft bislang das Konzept der Customer Journey mit der Markenpersönlichkeit noch nicht verknüpft. Die Verzahnung jener Konzepte ist Intention dieser Arbeit, wobei eine theoretische Fundierung die hier durchgeführte empirische Untersuchung wissenschaftlich umrahmt.

1.2 Ziel der Arbeit

Übergeordnetes Ziel dieser Arbeit ist es, die Customer Journey in der Automobilbranche zu untersuchen. Da in der Automobilbranche zahlreiche Marken vertreten sind, fokussiert sich diese Arbeit auf die Analyse der divergenten Marken Mini und Mercedes. Hierfür wird das Konstrukt der Markenpersönlichkeit zur klaren Differenzierung beider Marken herangezogen.

1.3 Aufbau der Arbeit

Beginnend mit den theoretischen Ansätzen zur Einordnung der Customer Journey in der Automobilbranche wird das Konzept der Customer Journey anhand verschiedener Customer Touchpoints definiert und kategorisiert. Weiterhin erfährt die Automobilbranche eine theoretische Einordnung mit Hilfe des Involvement-Konstrukts. Als zweites wissenschaftliches Konstrukt wird die Markenpersönlichkeit definiert und dessen Operationalisierung genauer analysiert.

Der theoretischen Fundierung folgt anschließend die empirische Untersuchung der Customer Journey in der Automobilbranche. Hierfür wird zunächst das Studiendesign, das die Darstellung der verwendeten qualitativen Methode sowie den Aufbau und Inhalt des Interviewleitfadens beinhaltet, beschrieben. Neben der Beschreibung des Samples werden daraufhin die Auswertung der qualitativen Studie und deren Ergebnisse ausführlich vorgestellt. Zum Schluss werden

[21] Vgl. Flocke und Holland (2014), S. 214.
[22] Vgl. Freling und Forbes (2005), S. 412.

diese Ergebnisse zusammengefasst und Limitationen der durchgeführten Studie aufgezeigt. Implikationen für Forschung und Praxis runden schließlich die Arbeit ab.

2 Theoretische Ansätze zur Einordnung der Customer Journey in der Automobilbranche

Im folgenden Kapitel wird die Customer Journey in der Automobilindustrie anhand theoretischer Ansätze beleuchtet. Der Begriff der Customer Journey und die damit verbundenen Customer Touchpoints (CTs) werden definiert. Zur Einordnung der Automobilbranche wird das Konstrukt des Involvements herangezogen. Anschließend wird darauf aufbauend die Customer Journey in verschiedene Kaufentscheidungsphasen kategorisiert.

Basierend auf der Annahme, dass Marken einer Branche grundsätzlich nicht homogen sind und auch im Kontakt mit ihren Kunden unterschiedlich interagieren, können verschiedene Marken anhand ihrer Markenpersönlichkeit voneinander differenziert werden.[23] Um eine für die spätere Studie relevante Trennung der Marken Mini und Mercedes zu gewährleisten, wird im zweiten Teil der theoretischen Fundierung das Konstrukt Markenpersönlichkeit historisch aufgearbeitet und analysiert.

2.1 Das Konzept der Customer Journey

Während des letzten Jahrzehnts ist die Anzahl der verfügbaren Kommunikationskanäle gestiegen. Das wiederum bietet den Konsumenten eine umfassende Wahl hinsichtlich ihrer Kanalnutzung.[24] Außerdem werben Unternehmen zunehmend crossmedial, was für den Kunden bedeutet, dass er die Marke gleichzeitig real und virtuell erlebt.[25] Hinsichtlich dessen ist es nicht verwunderlich, dass die Menge der Kundenkontaktpunkte (Customer Touchpoints) unüberschaubar wird. Eine Analyse der Customer Journey gewinnt folglich zunehmend an Relevanz.

2.1.1 Definitorische Abgrenzung

Die Customer Journey bezeichnet die „Reise des Kunden" über verschiedene Kundenkontaktpunkte (Customer Touchpoints) mit einem Produkt, einer Dienstleistung, einer Marke oder einem Unternehmen.[26] Auch im englischsprachigen

[23] Vgl. Waller et al. (2007), S. 1.
[24] Vgl. Gensler et al. (2012), S. 988.
[25] Vgl. Holland und Flocke (2014), S. 826.
[26] Vgl. Flocke und Holland (2014); Rawson et al. (2013), S. 4.

Raum herrscht Einigkeit darüber, dass sich die Customer Journey aus einer Vielzahl verschiedenartiger Touchpoints zusammensetzt.[27] Dementsprechend umfasst die Customer Journey „all activities and events related to the delivery of a service from the customer's perspective“[28]. Andere Autoren konzentrieren sich bei der Definition auf die Interaktion zwischen Unternehmen und Konsumenten[29] und unterstellen: „The customer journey map is a linear, time-based representation of the main stages that a customer goes through in interacting with a company or a service“[30].

Als essenzielle Bestandteile der Customer Journey lassen sich CTs als „alle Berührungspunkte einer Marke mit dem Kunden, die [...] Eindrücke zu dieser vermitteln und dadurch das Markenbild sowie die Markenpräferenzen prägen“[31] beschreiben. Bruhn & Ahlers (2007) definieren CTs als „sämtliche Punkte, an denen es zu einem kommunikativem Kontakt zwischen einem Unternehmen und seinen Kunden kommt und an dem der Kunde einen Eindruck vom Unternehmen, seinen Mitarbeitern und/oder Leistungen erhält“[32]. Diese CTs können demnach Mitarbeiter mit Kundenkontakt, Produkte oder Dienstleistungen der Marke selbst sowie Online- und Offline-Kommunikationskanäle sein.[33] Darüber hinaus entstehen CTs „at various points in time“[34] über den gesamten Kaufentscheidungsprozess hinweg.

2.1.2 Kategorisierung der Customer Touchpoints

Um die verschiedenen Arten der CTs systematisch einzuordnen, werden diese nach Art und Richtung der Kommunikation kategorisiert. Man unterscheidet demnach grundlegend zwischen direkten und indirekten sowie einseitigen und zweiseitigen CTs.[35]

Direkte CTs umfassen einen unmittelbaren Face-to-Face-Kontakt zwischen Kunden und Unternehmen. Das Unternehmen kann somit den Kundenkontakt direkt steuern, beispielsweise während eines Verkaufsgespräches oder bei einer Inanspruchnahme einer Dienstleistung durch den Kunden. Von indirekten

[27] Vgl. Rawson et al. (2013), S. 4; Zomerdijk und Voss (2010), S. 74.
[28] Zomerdijk und Voss (2010), S. 74.
[29] Vgl. McNeal (2013), S. 42.
[30] Mangiaracina, Brugnoli, und Perego (2009), S. 4.
[31] Esch et al. (2010), S. 8.
[32] Bruhn und Ahlers (2007), S. 397.
[33] Vgl. Esch et al. (2010), S. 8; Hefner (2010), S. 28; Holland und Flocke (2014), S. 827.
[34] Zomerdijk und Voss (2010), S. 74.
[35] Vgl. Esch et al. (2010), S. 9; Bruhn und Ahlers (2007), S. 397.

CTs spricht man, wenn keine direkte Einflussnahme durch das Unternehmen gegeben ist. Solche Kontakte erfolgen über ein (technisches) Medium und sind unpersönlicher Natur. Der Kontakt mit der Marke erfolgt somit über Dritte, z.B. durch Medienberichte oder im Erfahrungsaustausch mit anderen Kunden (Word-of-Mouth).[36]

Sowohl direkte als auch indirekte CTs können wiederum einseitig oder zweiseitig sein. Dies ist abhängig davon, ob der Kontaktpunkt Rückkopplungsmöglichkeiten zulässt. Einseitige CTs ermöglichen diese Rückkopplungsmöglichkeiten nicht, sodass es zu keiner Interaktion zwischen Unternehmen und Kunden kommen kann. Ein klassisches Beispiel hierfür ist die TV-Werbung. Im Falle zweiseitiger CTs besteht die Rückkopplungsmöglichkeit und somit auch die Interaktion zwischen Sender und Empfänger. Im persönlichen Verkaufsgespräch oder in Internetforen hat der Kunde die Möglichkeit zur Kontaktaufnahme, um weitere Informationen oder Meinungen einzuholen.[37] Die vorangegangene Kategorisierung ist hier nochmals visuell in Abbildung 1 dargestellt:

	direkt	**indirekt**
zweiseitig	• Persönlicher Verkauf • Call-Center / Hotlines / Beratung • Schrift- /Emailverkehr • Moderiertes Markenforum / Chats / etc. • ...	• Mundpropaganda (Gespräche mit Freunden/Familie/Bekannten) • Blogs und Communities • ...
einseitig	• Werbung • Produktverwendung • Product Placement • Verpackung • ...	• Massenmedien • TV- / Presseberichte • PR • ...

Abbildung 1: Arten der Customer Touchpoints[38]

2.1.3 Customer Journey im Hinblick auf das Konstrukt Involvement

Je nach Produktkategorie und Branche unterscheidet sich die Customer Journey.[39] Deswegen wird in dieser Arbeit exemplarisch die Automobilbranche gewählt. Dabei ist anzumerken, dass es sich bei einem Automobilkauf um ein High-Involvement-Kauf handelt. Um ein besseres Verständnis von High-Involvement-Käufen zu bekommen, wird das Konstrukt Involvement im Folgenden thematisiert.

---

[36] Vgl. Esch et al. (2010), S. 9; Bruhn und Ahlers (2007), S. 397.
[37] Vgl. Esch et al. (2010), S. 9; Bruhn und Ahlers (2007), S. 397.
[38] Eigene Erstellung in Anlehnung an Esch et al. (2010), S. 9.
[39] Vgl. Hefner (2010), S. 26.

„Der Begriff Involvement bezeichnet den Grad der persönlich wahrgenommenen Wichtigkeit einer Kaufentscheidung für die Kunden. [...] Der Grad des Involvements des Kunden bei einer Kaufentscheidung wird entscheidend durch verschiedene Einflussfaktoren geprägt. Solche Einflussfaktoren können z.B. der Preis einer Leistung, die soziale Sichtbarkeit, der Bezug zum Lebensstil oder das wahrgenommene Kaufrisiko sein."[40] Der Grad des Involvements gibt außerdem an, wie stark die objektgerichtete Informationssuche, -aufnahme, -verarbeitung und -speicherung ausgeprägt ist.[41] Das Konstrukt eignet sich somit, Kaufentscheidungsprozesse zu beschreiben und diese in High- und Low-Involvement-Käufe einzuordnen.

High-Involvement-Käufe, zu denen auch der Automobilkauf zählt,[42] sind geprägt durch ein hohes Maß an kognitivem Involvement, d.h. die Konsumenten investieren viel Zeit und Aufwand in die Informationssuche und Bewertung von Produktalternativen.[43] Im Falle eines Automobilkaufs begründet sich dies in der Tatsache, dass es sich bei einem Auto um ein langlebiges Gebrauchsgut handelt, das verhältnismäßig selten gekauft wird. Der Kunde ist beim Kauf einem finanziellen Risiko ausgesetzt,[44] zudem erschweren neue Modelle und Ausstattungsvarianten die Alternativenbewertung und -auswahl.[45] Folglich ist es für den Konsumenten notwendig, eine ausführliche Informationssuche durchzuführen.

Das Kaufentscheidungsverhalten bei einem Autokauf entspricht in den meisten Fällen einer extensiven Kaufentscheidung[46], die sich durch eine hohe Bedeutung und eine gewisse Neuartigkeit des Kaufes charakterisieren lässt.[47]

2.1.4 Klassifizierung der Customer Journey

Aufgrund der soeben erfolgten Einordnung des Automobilkaufes als extensive Kaufentscheidung und der Möglichkeit, diese Kaufentscheidung strukturiert durch einzelne Phasen abzubilden, werden nun die Phasen der extensiven Kaufentscheidung der folgenden Ausführung zugrunde gelegt. Ausgangspunkt für die Klassifikation ist die Annahme, dass sowohl der Kaufentscheidungspro-

[40] Meyer und Davidson (2001), S. 580.
[41] Vgl. Trommsdorff (2009), S. 49.
[42] Vgl. Dudenhöffer (2012), S. 360; Holland (2009), S. 612; Oliver und Lee (2010), S. 96.
[43] Vgl. Weisser (2012), S. 64; Meffert et al. (2011), S. 110.
[44] Vgl. Kuß und Kleinaltenkamp (2011), S. 65; Weisser (2012), S. 65.
[45] Vgl. Holland (2009), S. 612.
[46] Vgl. Holland (2009), S. 612; Meffert et al. (2011), S. 106; Liersch (2012), S. 55.
[47] Vgl. Weisser (2012), S. 65; Kuß und Kleinaltenkamp (2011), S. 70.

zess als auch die damit verbundene Customer Journey komplexe Prozesse darstellen, die durch eine Abfolge von Aktivitäten die Problemlösung zum Ziel haben. Mit der Systematisierung dieser vielfältigen Aktivitäten haben sich bereits einige Wissenschaftler und Praktiker beschäftigt.[48]

Für die Zielsetzung der vorliegenden Arbeit wird nun von den gängigen fünf Phasen einer extensiven Kaufentscheidung ausgegangen. Im Folgenden werden diese aufgeführt und anschließend genauer charakterisiert.

1. Phase der Problem- bzw. Bedürfniserkennung
2. Phase der Informationssuche und -verarbeitung
3. Phase der Alternativenbewertung und -auswahl
4. Phase des Kaufaktes
5. Nachkaufphase

Zu 1. Phase der Problem- bzw. Bedürfniserkennung

Der Beginn des Kaufentscheidungsprozesses ist gekennzeichnet durch das Erkennen eines Problems oder Bedürfnisses. Von einem Bedürfnis spricht man, wenn ein Unterschied zwischen Ist- und Sollzustand besteht.[49] Übersteigt die Differenz zwischen idealem und tatsächlichem Zustand einen gewissen Schwellerwert wird das Bedürfnis wahrgenommen und der Kaufentscheidungsprozess ausgelöst.[50] Der Unterschied zwischen Ist- und Sollzustand kann auf zwei Arten entstehen. Zum einen kann ein entstandener Mangel, also eine negative Veränderung des bisherigen Zustandes, das Bedürfnis auslösen. Zum anderen können neue Möglichkeiten wie beispielsweise neue innovative Produkte am Markt den erwünschten idealen Zustand verändern.[51]

Zu 2. Phase der Informationssuche und -verarbeitung

Die Basis dieser Phase bilden Informationen, die in den Kaufentscheidungsprozess eingehen und aufgrund deren der Konsument seine Entscheidung trifft. Er kann zum einen intern auf Informationen aus seinem Gedächtnis zurückgreifen oder zum anderen Informationen extern aus diversen Quellen über verschiedene Kanäle hinweg generieren.[52] Die Informationssuche kann der Kon-

48 Vgl. Liersch (2012), S. 56.
49 Vgl. Liersch (2012), S. 61; Riemenschneider (2006), S. 17.
50 Vgl. Kuß und Kleinaltenkamp (2011), S. 69; Liersch (2012), S. 61.
51 Vgl. Kuß und Kleinaltenkamp (2011), S. 69; Liersch (2012), S. 61.
52 Vgl. Beatty und Smith (1987), S. 85; Riemenschneider (2006), S. 118.

sument entweder aktiv oder durch erhöhte Aufmerksamkeit betreiben. Bei erhöhter Aufmerksamkeit nimmt der Konsument eher Information durch z.B. klassische TV-Werbung auf, während er bei aktiver Informationssuche auf verschiedenen Quellen wie z.B. auf das Internet zugreift, um Vergleichsinformationen zu sammeln.[53]

Zu 3. Phase der Alternativenbewertung und -auswahl

Ziel dieser Phase ist, neben der Bewertung der in Frage kommenden Alternativen, die Auswahl der aus Konsumentensicht besten Alternative. Annahme hierbei ist, dass der Konsument aus der Anzahl wahrgenommener Alternativen die relevanten Alternativen definiert und aus dieser Vorauswahl anschließend eine Entscheidung trifft.[54] Für die Beschreibung dieser Vorauswahl ist das sogenannte Evoked Set entscheidend, das sich als „eine Auswahl von Produkten einer Güterkategorie, die ein Käufer [...] in die Menge seiner engeren Entscheidungsalternativen einreiht“ [55] definieren lässt.

Zu 4. Phase des Kaufaktes

Als Ergebnis der Bedürfniserkennung, Informationsverarbeitung und Alternativenbewertung wird während dieser Phase die Kaufabsicht in die Tat umgesetzt. Der Konsument entscheidet sich endgültig zum Erwerb des ausgewählten Produkts und wählt zudem eine geeignete Einkaufsstätte.[56] Speziell der Automobilkauf wird in Deutschland vorrangig über herstellereigene Niederlassungen und Vertriebspartner getätigt.[57] Doch der Trend des Internetkaufs hat auch in der Automobilbranche inzwischen an Bedeutung gewonnen.[58]

Zu 5. Nachkaufphase

Nach dem Kauf bewertet der Konsument das Produkt hinsichtlich seiner Erwartungen, der Qualität sowie der Erfüllung der ursprünglichen Bedürfnisse. Aus dieser Bewertung resultiert entweder Zufriedenheit oder Unzufriedenheit. Neben Wiederholungskäufen führt Kundenzufriedenheit zu einem erhöhten Word-

[53] Vgl. Liersch (2012), S. 65; Kotler (2007), S. 336; Graf (2008), S. 41.
[54] Vgl. Liersch (2012), S. 71.
[55] Herrmann (1992), S 41.
[56] Vgl. Liersch (2012), S. 75; Kotler (2007), S. 340; Riemenschneider (2006), S. 24.
[57] Vgl. Graf (2008), S. 1.
[58] Vgl. Graf (2008), S. 68.

of-Mouth.[59] Ein unzufriedener Käufer hingegen neigt eher zu aktivem Beschwerde- und Reklamationsverhalten, negativer Mundpropaganda und wechselt zudem schneller zum Wettbewerber. Die Nachkaufphase hat aufgrund des Aspektes der Zufriedenheit im Marketing eine hohe Relevanz. Mit der richtigen Nachkaufkommunikation, beispielsweise über Direktmarketing, kann dem Kunden die Richtigkeit seiner Entscheidung bestätigt werden.[60]

In jeder einzelnen Phase wählen Konsumenten verschiedenartige CTs aus, um die eigenen Ziele der jeweiligen Phase zu erreichen. Auch aus Unternehmenssicht ist es sinnvoll, die Kunden in den unterschiedlichen Phasen über verschiedene Kommunikationskanäle mit Informationen zu bedienen. Der Frage, welche CTs für die Konsumenten in welcher Phase des Kaufentscheidungsprozesses relevant sind, wird mit dem theoretischen Wissen als Basis in der später folgenden Studie nachgegangen.

2.2 Markenpersönlichkeit als Unterscheidungskriterium in der Automobilbranche

In ihrer Rolle als Differenzierungsmerkmal gegenüber der Konkurrenz gewinnt die Marke in der Automobilbranche immer mehr an Bedeutung.[61] Mit einer starken Markenpersönlichkeit kann sich das Unternehmen nicht nur von anderen Marken abheben, vielmehr kann der Wert der eigenen Marke signifikant gesteigert werden.[62] Stellvertretend für die gesamte Branche werden in dieser Arbeit zwei divergente Marken - Mini und Mercedes - hinsichtlich ihrer Customer Journey untersucht. Zur klaren Differenzierung der beiden Marken wird das Konstrukt der Markenpersönlichkeit herangezogen, das im Folgenden dargestellt wird.

Lange Zeit galt das Konstrukt der Markenpersönlichkeit als eine wenig erforschte Komponente der Markenführung.[63] Heute jedoch gehört die Persönlichkeit

---

59 „Word-of-Mouth is an oral, person-to-person communication between a receiver and a communicator whom the receiver perceives as non-commercial, regarding a brand, a product or a service." vgl. Arndt (1967), S. 292f.
60 Vgl. Kotler (2007), S. 341f; Kuß und Kleinaltenkamp (2011), S.79; Liersch (2012), S. 76f.
61 Vgl. Göttgens und Böhme (2005), S. 44.
62 Vgl. Bauer et al. (2002), S. 687; Biel (2001), S. 70ff.
63 Vgl. Kilian (2011), S. 29.

einer Marke zu den wichtigsten Ansätzen im Marketing: „Brand personality is one of the most important concepts in marketing.“[64]

2.2.1 Definitorische Grundlagen

Die Anfänge der Markenpersönlichkeitsforschung machte Gilmore 1919 mit der Formulierung der Theorie des Animismus, die auf der Erkenntnis basiert, dass der Mensch grundsätzlich nicht lebenden Objekten - also auch Marken - menschliche Eigenschaften zuordnet und somit diesen Objekten eine „menschliche Seele“ verleiht.[65] Der Theorie zufolge besteht dieses Bedürfnis, um die Interaktion mit den Gegenständen in einer nichtmateriellen Welt zu vereinfachen.[66] So werden zum Beispiel Puppen mit menschlichen Eigenschaften versehen und somit zu einem Abbild der eigenen Identität.[67] Die Marke stellt folglich eine ideale Grundlage für die Zuschreibung von menschlichen Wesenszügen dar.

Herrschte noch Jahre zuvor große Unzufriedenheit über die unterschiedliche Beschreibung der menschlichen Persönlichkeit, setzte sich in den 80er Jahren der dominierende lexikalische Ansatz der sogenannten „Big-Five“ durch. Dieser wurde 1981 von Goldberg erstmals aufgrund seiner außergewöhnlichen Spannbreite und seines Abstraktionsniveaus als „Big Five“ bezeichnet und beschreibt die menschliche Persönlichkeit anhand der folgenden fünf Dimensionen:[68]

- Extraversion (Überschwänglichkeit)
- Liebenswürdigkeit (Verträglichkeit)
- Gewissenhaftigkeit (Sorgfalt)
- Neurotizismus (Emotionale Stabilität)
- Offenheit für Erfahrungen (Kultur/Bildung)

Extraversion und Liebenswürdigkeit gehören zu interpersonalen Einstellungen eines Menschen, Gewissenhaftigkeit beschreibt das aufgaben- und zielgerichtete Verhalten. Der Faktor Neurotizismus bestimmt das Gefühlsleben, wohingegen Offenheit mit der Toleranz gegenüber Unbekanntem charakterisiert wird.[69]

---

[64] Freling und Forbes (2005), S. 412.
[65] Vgl. Bauer et al. (2002), S. 688; Kilian (2011), S. 30; Hattula (2009), S.10.
[66] Vgl. Bauer et al. (2002), S. 688; Schindler (2008), S. 28.
[67] Vgl. Schindler (2008), S. 28.
[68] Vgl. Goldberg (1990); Kilian (2011), S. 28; Hattula (2009), S. 27.
[69] Vgl. Hattula (2009), S. 27.

Jede dieser fünf Dimensionen lässt sich wiederum in sechs Facetten unterteilen. Dies gewährleistet eine umfassende Beschreibung der Persönlichkeit eines Menschen.[70]

2.2.2 Empirische Operationalisierung von Markenpersönlichkeit

Für die Persönlichkeit einer Marke wurde jahrelang keine einheitliche Definition gefunden, was dazu führte, dass lange auf Skalen der menschlichen Persönlichkeit - wie den oben beschriebenen „Big Five"-Ansatz - zurückgegriffen wurde. Dennoch erhielt die empirische Operationalisierung des Markenpersönlichkeitsbegriffs in den 90er Jahren schließlich Einzug in das Marketing.

2.2.2.1 Brand Personality Scale nach Aaker

Jennifer Aaker setzte sich 1997 erstmals mit Markenpersönlichkeit auseinander und entwickelte die Brand Personality Scale (BPS). Gemäß Aaker lässt sich der Begriff Markenpersönlichkeit als „set of human characteristics associated with a brand"[71] definieren. Die Markenpersönlichkeit, die als zentraler Bestandteil des Markenimages und der -identität gilt,[72] beschreibt die Gesamtheit menschlicher Eigenschaften, die der Konsument mit der Marke assoziiert.[73] Die Markenpersönlichkeit wurde nach einer ausführlichen Faktoranalyse anhand von fünf Dimensionen und insgesamt 42 verschiedenen Persönlichkeitsmerkmalen charakterisiert. In Abbildung 2 ist das gesamte Markenpersönlichkeitsinventar für die USA wiedergegeben.

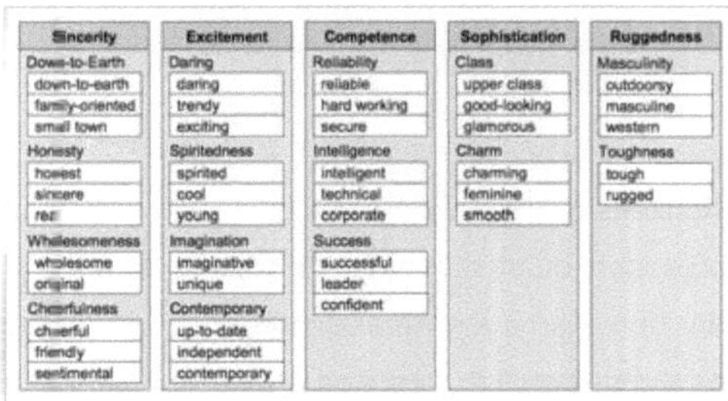

Abbildung 2: Markenpersönlichkeitsinventar nach Aaker[74]

Dennoch ist diese Skala nicht ausnahmslos auf andere Länder übertragbar. Aaker betonte in ihrer Studie selbst, dass es unsicher sei, ob das Markenper-

---

[70] Vgl. Kilian (2011), S. 28.
[71] Aaker (1997), S. 347.
[72] Vgl. Schindler (2008), S. 27; Meffert et al. (2011), S. 362f; Bauer et al. (2002), S. 687.
[73] Vgl. Aaker (1997); Alt und Griggs (1988), S. 13; Fournier (1998), S. 345.
[74] Vgl. Kilian (2011), S. 38.

sönlichkeitsinventar zur Messung in anderen Ländern geeignet sei.[75] Aaker, Benet-Martinez und Garolera stellten später fest, dass es „both cuturally specific and cuturally common elements“ [76] der Markenpersönlichkeit gibt.

2.2.2.2 Markenpersönlichkeit nach Mäder

Hieronismus (2003) war der erste Forscher, der versuchte, den Ansatz von Aaker ins Deutsche zu überführen. Jedoch entwickelte er keine eigene Datenbasis, sondern übernahm die wesentlichen Erkenntnisse der amerikanischen Studie.[77]

Mäder hingegen entwickelte einen originären Ansatz mit für Deutschland kulturspezifisch entwickelten Wesenszügen von Marken. Hierbei berücksichtigte er die Kritik, jede Sprache besäße ihren eigenen Wortschatz und eigene unübersetzbare Wortbedeutungen.[78] Markenpersönlichkeit definiert er als „Menge menschlicher Charaktereigenschaften, die mit einer Marke in Verbindung gebracht werden“[79]. Der eigens entwickelte Itempool wurde zu dem folgenden aggregierten Markenpersönlichkeitsinventar zusammengefasst (siehe Abb. 3):

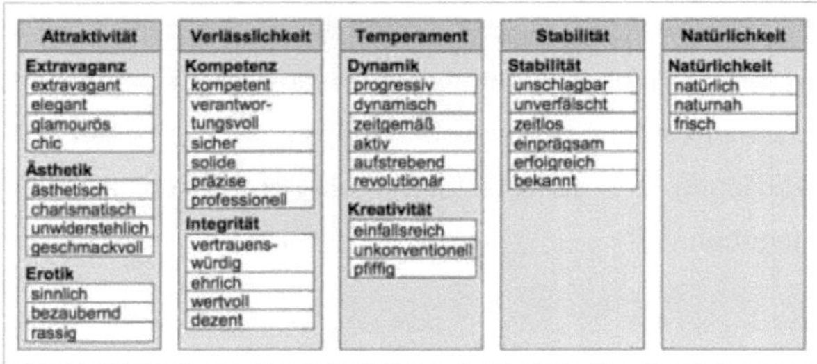

Abbildung 3: Markenpersönlichkeitsinventar nach Mäder[80]

Mäders Markenpersönlichkeitsinventar wird hinsichtlich der vielen verschiedenen Faktoren in der folgenden qualitativen Studie für die Analyse der beiden divergenten Marken Mini und Mercedes herangezogen. Einer dieser Faktoren ist die bereits erläuterte Kulturspezifität des Konstrukts der Markenpersönlichkeit.[81] Unter der Annahme, dass Markenpersönlichkeitsmerkmale kulturspezifisch geprägt sind, wählte Mäder Persönlichkeitseigenschaften aus einer

[75] Vgl. Aaker (1997), S. 355.
[76] Aaker, Benet-Martínez, und Garolera (2001), S. 507.
[77] Vgl. Mäder (2005), S. 20; Kilian (2011), S. 42.
[78] Vgl. Kilian (2011), S. 42; Hattula (2009), S. 23.
[79] Mäder (2005), S. 5.
[80] Vgl. Kilian (2011), S. 47.
[81] Vgl. Mäder (2005), S. 21; Aaker et al. (2001), S. 503; Kilian (2011), S. 45.

deutschsprachigen Taxonomie aus.[82] Dieser lexikalische Totalansatz ist zum einen repräsentativ[83] und deckt zudem nahezu alle Facetten einer Persönlichkeit ab.[84] Ein weiterer Grund, diese Skala für die folgende Analyse zu verwenden, ist die Stabilität der fünf Dimensionen im Hinblick auf soziodemographische Einflüsse der Probanden.[85] Sowohl Mäders als auch Aakers Skalen sind zudem über alle verschiedenen Produktkategorien anzuwenden[86] und somit für eine Analyse der Automobilbranche geeignet. Dementsprechend ist Mäders Skala mit den kulturspezifisch erfüllten Anforderungen der vielversprechendste Ansatz, um Unterschiede in der Markenpersönlichkeit beider Marken zu generieren.

[82] Vgl. Mäder (2005), S. 65.
[83] Vgl. Mäder (2005), S. 65; Waller et al. (2007), S. 12.
[84] Vgl. Mäder (2005), S. 65; Waller et al. (2007), S. 11.
[85] Vgl. Mäder (2005), S. 77f; Kilian (2011), S. 46.
[86] Vgl. Schindler (2008), S. 34.

3 Empirische Untersuchung der Customer Journey in der Automobilbranche

Im folgenden Kapitel wird die empirische Studie vorgestellt, die zur Analyse der Customer Journey in der Automobilbranche dient. Um die komplexe Thematik der Customer Journey analysieren zu können, bedarf es einer, für diese Fragestellung besonders geeigneten, qualitativen Vorgehensweise.

3.1 Studiendesign

Der Fokus der durchzuführenden qualitativen Studie liegt darauf, die von Kunden entschiedenen und damit entstandenen Kontaktpunkte mit der Marke zu analysieren und die Gründe für die Wahl zu verstehen. Ziel der Studie ist es einen Erkenntnisgewinn über die Beziehung der Kunden mit der Automobilmarke zu erlangen und damit die Reise, die der Kunde mit der Marke geht, darzustellen. Daraus ergibt sich wiederum die Möglichkeit, wichtige Erfolgsfaktoren für Unternehmen im Zusammenhang mit der Customer Journey abzuleiten.

Die der Studie zugrundeliegenden methodischen Grundlagen und die Vorgehensweise bei der Datengenerierung werden im Folgenden genauer beschrieben.

3.1.1 Qualitative Methodik zur Datenerhebung

Wie sich die Customer Journey in der Automobilbranche im Allgemeinen beschreiben lässt, soll mit Hilfe von qualitativen Interviews ermittelt werden. Die Studie hat, typisch für eine qualitative Vorgehensweise, einen rein explorativen Charakter.[87] Qualitative Forschung allgemein ermöglicht es die subjektive Sichtweise von Akteuren über vergangene Ereignisse, Zukunftspläne, Meinung, etc. zu ermitteln.[88] Die Customer Journey als solche ist eine Ansammlung von vergangenen und zukünftigen Ereignissen, die der Konsument mit der Marke bzw. dem Unternehmen oder dem Produkt erlebt.[89] Um möglichst detaillierte und ausführliche Informationen über die Customer Journey zu gewinnen, werden halbstandardisierte Leitfadeninterviews durchgeführt. Diese eigenen sich

[87] Vgl. Bortz und Döring (2006a), S. 299.
[88] Vgl. Bortz und Döring (2006a), S. 308.
[89] Vgl. Rawson et al. (2013), S. 4; Zomerdijk und Voss (2010), S. 74.

zur Erfassung subjektiver Sichtweisen von Konsumenten besonders gut.[90] Aufgrund eines vorbereiteten, aber flexibel einsetzbaren Leitfadens, lässt diese Interviewtechnik genügend Spielraum, spontan aus der Interviewsituation neue Fragen und Themen einzubeziehen. Der Face-to-Face-Kontakt zwischen Proband und Interviewer lässt den Befragten offener auf häufig intime und persönlich adressierte Themen antworten. Die Befragungen finden zudem in einem persönlichen Gespräch statt, da Probanden eher zu mündlichen Aussagen bereit und in der Lage sind als zu schriftlichen Ausarbeitungen.[91]

Das Interview zum Thema „Customer Journey in der Automobilbranche" besitzt außerdem einen narrativen Charakter. Eingeleitet durch einen Erzählanstoß über den letzten Automobilkauf des Probanden ist es möglich, erste Eindrücke und Ereignisse in Form einer Stegreiferzählung zu sammeln. Die erzählgenerierende Frage zu Beginn des Interviews hilft dem Probanden, Erinnerungen zu mobilisieren und frei zu erzählen.[92]

Eine weitere Besonderheit des qualitativen Interviews zur Customer Journey stellt die zusätzlich eingesetzte visuelle Technik dar. Der Proband soll sich durch die Vorlage von Bildern an bestimmte Handlungen bzw. Kontaktpunkte mit der Marke erinnern, die er eventuell während des Interviews noch nicht bedacht hatte. Die visuelle Methodik mit Bildern dient im Falle dieser Studie außerdem dazu das Erzählte abschließend zusammenzufassen. Der Proband bekommt die Chance sich mit seinen Antworten noch einmal intensiv auseinander zu setzen und kann so seine persönliche „Customer Journey" reflektiert betrachten. Dies ist sowohl für den Probanden selbst eine Hilfe, als auch für den Interviewer und die spätere Auswertung des Gespräches.

3.1.2 Aufbau und Inhalt des Interviewleitfadens

Die qualitative Form des Interviews basiert auf einem Leitfaden, der nach thematischen Bereichen konstruiert wird. Diese dienen einer ersten Strukturierung des Interviewverlaufs, da durch die thematischen Bereiche bereits eine Eingrenzung des Untersuchungsgegenstands erfolgt.

---

90 Vgl. Flick (2010), S. 14f.
91 Vgl. Bortz und Döring (2006a), S. 314; Mayring (2002), S. 67ff.
92 Vgl. Hopf (2004), S. 356; Lamnek (2010), S. 326f.

Wie oben erwähnt, erfolgt zu Beginn des Interviews eine ungestützte Befragung, um den Einstieg in das Thema zu erleichtern und den Probanden mit der erzählgenerierenden Frage an das Thema der Customer Journey heranzuführen. Mit der Aufforderung „Denken Sie an Ihren letzten Autokauf! Bitte schildern Sie mir den Verlauf des Kaufprozesses. Wo und wann sind Sie mit der Marke in Kontakt getreten?“ soll der Proband seine als erstes in den Sinn kommenden Erfahrungen dokumentieren. Hier sollen bereits erste relevante Inhalte für die spätere Auswertung generiert werden.

Im weiteren und wichtigsten Abschnitt des Interviews orientiert sich der inhaltliche Aufbau des Interviewleitfadens überwiegend an den Phasen des Kaufentscheidungsprozesses eines Autokaufes (siehe Kapitel 2.1.4 Klassifizierung der Customer Journey). Demnach werden zu jeder Phase passende Fragen gestellt. Darüber hinaus ist es substanziell, bei allen Fragen die Erschließung der ausgewählten CTs und deren Begründung anzustreben. Der folgende, abgebildete Auszug aus dem Interviewleitfaden zeigt die Methodik der Befragung.

- **Auf welchem Wege** haben Sie sich für die Kaufstätte entschieden?
- Welche **Einkaufstätte** haben Sie gewählt?
  [mögliche Antworten: Vertriebshändler, Werk, Internet, etc.]
  - **Warum** haben Sie sich dafür entschieden? Welche Vorteile hat diese Einkaufsstätte für Sie?

Abbildung 4: Auszug aus dem Interviewleitfaden[93]

Nach dem qualitativen Interview kommt abschließend die visuelle Technik zum Einsatz. Hier werden die fünf Phasen, die zuvor mündlich abgefragt wurden, noch einmal visuell für den Probanden dargestellt. Es werden sieben verschiedene CTs, die in Form von Bildern repräsentiert werden, vorgelegt (siehe Anhang 2: Visuelle Technik der Befragung). Die Aufgabe der Probanden ist, die CTs aufgrund der eigenen Erfahrungen den Phasen des Kaufentscheidungsprozesses zuzuordnen, diese Zuordnung zu bewerten und abschließend zu begründen. Die folgende Grafik zeigt noch einmal den sukzessiven Ablauf des Interviews.

[93] Eigene Darstellung.

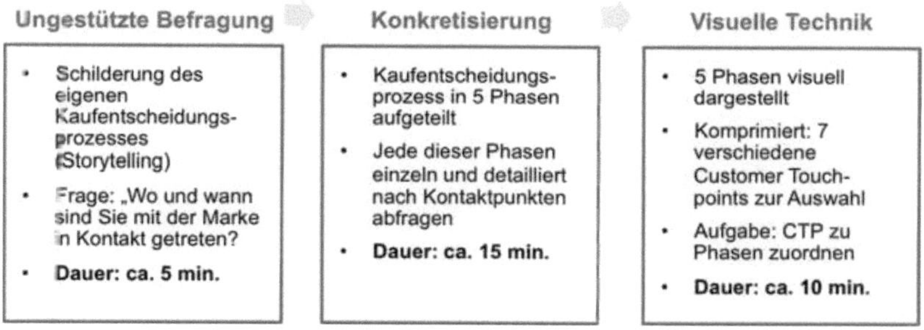

Ungestützte Befragung	Konkretisierung	Visuelle Technik
• Schilderung des eigenen Kaufentscheidungs-prozesses (Storytelling) • Frage: „Wo und wann sind Sie mit der Marke in Kontakt getreten? • **Dauer: ca. 5 min.**	• Kaufentscheidungs-prozess in 5 Phasen aufgeteilt • Jede dieser Phasen einzeln und detailliert nach Kontaktpunkten abfragen • **Dauer: ca. 15 min.**	• 5 Phasen visuell dargestellt • Komprimiert: 7 verschiedene Customer Touch-points zur Auswahl • Aufgabe: CTP zu Phasen zuordnen • **Dauer: ca. 10 min.**

Abbildung 5: Ablauf des qualitativen Interviews[94]

3.1.3 Fragebogen zur Markenpersönlichkeit

Um die Entscheidung, Mini- und Mercedes-Kunden als Stichprobe zu wählen, begründen zu können, bedarf es zunächst einer Analyse dieser beiden Marken. Stellvertretend für die Automobilbranche sollten sie möglichst unterschiedliche Markenpersönlichkeiten aufweisen, um die Branche bestmöglich zu repräsentieren. Die jeweilige Markenpersönlichkeit kann mit Hilfe der Markenpersönlichkeitsskala nach Mäder (siehe Kapitel 2.3.2.2 Markenpersönlichkeit nach Mäder) beschrieben werden. Auf Basis dieser Skala wurde ein Fragebogen mit dem Ziel der Auswertung beider Markenpersönlichkeiten entwickelt (siehe Anhang 3: Fragebogen zur Markenpersönlichkeit).

Als Unterstützung des Themas „Customer Journey in der Automobilbranche" wurde der standardisierte Fragebogen rein konzeptionell erstellt. Dieser enthält alle Markenpersönlichkeits-Ausprägungen nach Mäder, die der Proband mittels einer Likert-Skala (fünf Items von „ich stimme gar nicht zu" bis „ich stimme voll zu") bewerten soll. Diese „Stimmt"-Reihe wird laut Bortz & Döring häufig in Einstellungs- und Persönlichkeitsfragebogen eingesetzt.[95] Wichtig hierbei ist, dass der Proband sowohl „seine eigene" Marke als auch die andere Marke anhand der Ausprägungen bewertet. Die folgende Grafik zeigt einen Ausschnitt des Fragebogens zur Markenpersönlichkeit.

---

94 Eigene Darstellung.
95 Vgl. Bortz und Döring (2006b), S. 177.

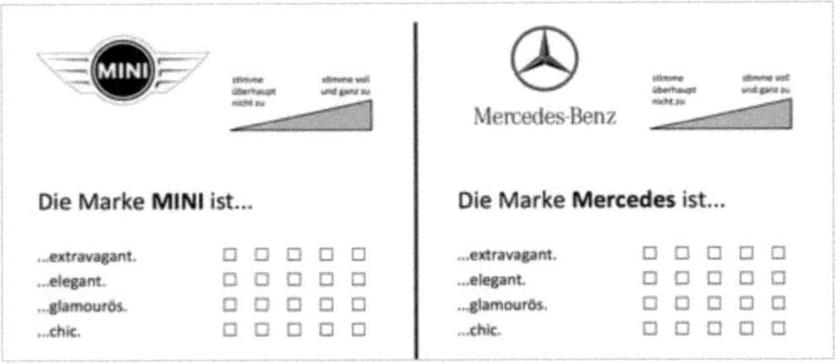

Die Marke **MINI** ist...					
...extravagant.	☐	☐	☐	☐	☐
...elegant.	☐	☐	☐	☐	☐
...glamourös.	☐	☐	☐	☐	☐
...chic.	☐	☐	☐	☐	☐

Die Marke **Mercedes** ist...					
...extravagant.	☐	☐	☐	☐	☐
...elegant.	☐	☐	☐	☐	☐
...glamourös.	☐	☐	☐	☐	☐
...chic.	☐	☐	☐	☐	☐

Abbildung 6: Auszug aus dem Markenpersönlichkeitsfragebogen[96]

3.2 Sampling

Im Folgenden wird der Prozess der Probandenauswahl beschrieben sowie das Sample charakterisiert.

3.2.1 Probandenauswahl

Bei der Auswahl der Probanden wurde darauf geachtet, die Customer Journey von Kunden zu untersuchen, die gegenwärtig ein Auto der Marke Mini oder Mercedes besitzen und dieses aktuell genutzte Auto maximal vor zwei Jahren erwarben, um eine Aktualität des Themas zu gewährleisten. Wichtig hierbei war, dass die Befragten das Auto tatsächlich selbst gekauft haben. Weiterhin wurden Probanden aus allen Altersgruppen ausgewählt um die Diversifikation der Zielgruppe der Marken zu gewährleisten. Eine weitere Determinante bei der Probandenauswahl war ein ausgewogener Geschlechteranteil.

3.2.2 Probandenauswertung

Die insgesamt 16 Probanden teilen sich gleichwertig in acht Mini-Kunden und acht Mercedes-Kunden auf. An der Studie haben im Gesamten neun Männer und sieben Frauen teilgenommen, wobei wiederum sieben Mini-Kunden weiblich und ein Mini-Kunde männlich waren. Dementsprechend waren alle acht Mercedes-Kunden männlich, was auch dem grundsätzlichen Zielgruppen-Bild der beiden Marken entspricht. Zusätzlich spiegelt auch das unterschiedliche Durchschnittsalter beider Marken die differenten Zielgruppen wider. Die folgende Grafik zeigt eine tabellarische Zusammenfassung der Charakteristika der Probanden.

96 Eigene Darstellung.

Nr.	Geschlecht	Alter	Marke
P 1	weiblich	47 J.	Mini
P 2	weiblich	35 J.	Mini
P 3	männlich	75 J.	Mercedes
P 4	männlich	24 J.	Mini
P 5	männlich	49 J.	Mercedes
P 6	männlich	55 J.	Mercedes
P 7	weiblich	55 J.	Mini
P 8	männlich	47 J.	Mercedes
P 9	männlich	55 J.	Mercedes
P 10	männlich	54 J.	Mercedes
P 11	weiblich	52 J.	Mini
P 12	weiblich	21 J.	Mini
P 13	weiblich	47 J.	Mini
P 14	männlich	52 J.	Mercedes
P 15	männlich	44 J.	Mercedes
P 16	weiblich	18 J.	Mini

Durchschnittsalter gesamt	46	Jahre
Durchschnittsalter Mercedes	54	Jahre
Durchschnittsalter Mini	38	Jahre
Anteil männlich / weiblich	9 / 7	

Abbildung 7: Probandenauswertung[97]

3.3 Auswertung der Studie

Ziel der Datenanalyse ist es, die Customer Journey aus Sicht des Konsumenten zu verstehen, die ausgewählten Kontaktpunkte mit der Marke nachzuvollziehen, die Gründe für die Auswahl zu erfassen und schließlich das neu erworbene Wissen entsprechend zu kategorisieren.

3.3.1 Vorbereitung der Datenauswertung

Ausgangslage für die Datenauswertung ist die Transkription der Interview-Sprachaufnahmen. Diese Verschriftlichung ist der erste Schritt des Auswertungsprozesses, dem anschließend die eigentliche Auswertung folgt. In Bezug auf die gewählte Erhebungsmethodik eines halbstandardisierten Leitfadeninterviews erscheinen kodierte Verfahren, wie die qualitative Inhaltsanalyse nach Mayring, empfehlenswert. Grundgedanke der qualitativen Inhaltsanalyse ist ein systematisches, methodisch kontrolliertes Analysieren, indem das Material „schrittweise mit theoriegeleitet am Material entwickelten Kategorienschemen bearbeitet“[98] wird. Nach Mayring können drei Grundformen der qualitativen Inhaltsanalyse differenziert werden: Zusammenfassung, Explikation und Strukturierung.[99] Im Hinblick auf die eigene Untersuchung eignet sich das Auswertungsverfahren, das das Textmaterial mit Hilfe von Kodierungen inhaltlich-strukturierend erschließt und klassifiziert, um die Customer Journey der Auto-

[97] Eigene Darstellung.
[98] Mayring (2002), S. 114.
[99] Vgl. Mayring (2010), S. 64f.

mobilkunden identifizieren zu können.[100] Infolgedessen erfolgt im Zuge dieser Untersuchung eine „inhaltliche Strukturierung" des Materials.

Grundsätzlich können sowohl deduktive als auch induktive Kategorienbildungsschritte angewandt werden.[101] Zur Analyse der Customer Journey in der Automobilbranche wurde eine induktiv-deduktive Kategorienbildung ausgewählt, wobei vorab festgelegte Kriterien (deduktiv) eine Grundstruktur für das Kategorienschema bilden. Darüberhinaus ist es jedoch ausschlaggebend, die Kategorien selbst aus dem vorhandenen Datenmaterial zu konstruieren (induktiv), um eine Vollständigkeit der Erfahrungen und Erlebnisse der Konsumenten gewährleisten zu können. Im Bezug auf die in Kapitel 3.1.2 generierte Interviewstruktur wurden demnach die übergeordneten Themeneinheiten, wie die Phasen des Kaufentscheidungsprozesses eines Autokaufes, deduktiv festgelegt und erlaubten somit eine bessere, aus dem Daten heraus entwickelte Kodierung der einzelnen Aussagen.

Die relevanten Aussagen der 16 Probanden lassen sich in insgesamt 107 Kategorien abbilden. Im Kategorienschema sind die einzelnen Kategorien genau definiert, zusätzlich helfen die Kodierregeln dabei, die Kategorien trennscharf voneinander abgrenzen zu können. Die zugehörigen Ankerbeispiele dienen dem besseren Verständnis und der Beispielhaftigkeit der jeweiligen Kategorie. Die folgende Abbildung (Abb. 8) zeigt einen Ausschnitt aus dem Kategorienschema, wobei dieser Auszug einen Teil der zweiten Phase strukturiert.

[100] Vgl. Mayring (2010), S. 64f.
[101] Vgl. Bortz und Döring (2006a), S. 300f.

Kategorie		Definition	Kodierregeln	Ankerbeispiel
Haupt-kategorie	**Auswahl entscheidungsnützlicher Quellen (Phase 2)**			
Unter-kategorie I	**Händler an sich**	Informationssuche über persönliche Beratung durch Händler	1 = Quelle genutzt; 0 = Quelle nicht genutzt	"Also ich gehe zum Händler(...)" P8, S. 3;
Unter-kategorie I	**Internet**	Informationssuche über Suchmaschinen, Unternehmenswebsite, Foren, etc.	1 = Quelle genutzt; 0 = Quelle nicht genutzt	"(...) die Fahrzeugsuche selber hat im Internet statt gefunden." P10, S. 3
Unter-kategorie I	**WOM**	Informationssuche über Gespräche mit Freunden/Familie/Bekannten; Erfahrungsaustausch mit anderen Kunden der Marke	1 = Quelle genutzt; 0 = Quelle nicht genutzt	"Frägt man natürlich, man möchte ja nicht irgendwas kaufen, mit dem man dann später meinungstechnisch im Abseits steht." P10, S. 3;
Unter-kategorie I	**Printprodukte von Unternehmensseite**	Informationssuche über Kataloge, Prospekte, Briefsendungen vom Händler, usw.	1 = Quelle genutzt; 0 = Quelle nicht genutzt	"Ja ich habe natürlich zunächst mal Prospekte durchgeschaut (...)" P3, S. 3;
Unter-kategorie I	**Klassische Werbung**	Informationssuche beeinflusst durch TV-, Radio- oder Printwerbung der Marke	1 = Quelle genutzt; 0 = Quelle nicht genutzt	"(...) über die Werbung natürlich das neue Modell entdeckt, das ist da rausgekommen." P3, S. 3
Unter-kategorie I	**Social Media**	Informationssuche über Facebook, Twitter, YouTube, etc.	1 = Quelle genutzt; 0 = Quelle nicht genutzt	"YouTube hab ich genutzt. Da habe ich verschiedene Videos über den Mini angeschaut." P4, S. 3
Unter-kategorie I	**Probefahrt**	Informationssuche über Probefahrt; Kunde macht Probefahrt und informiert sich damit selbst über das Auto	1 = Quelle genutzt; 0 = Quelle nicht genutzt	"Ich habe auch beim Händler eine Probefahrt gemacht." P4, S. 6

Abbildung 8: Auszug aus dem Kategorienschema[102]

Zur Sicherung der Reliabilität wurde die Datenauswertung von zwei unabhängigen Kodierern vorgenommen. Zur Beurteilung der Zuverlässigkeit der Auswertung wurde das Holsti-Maß verwendet[103], welches eine Übereinstimmung von 91,82 % feststellt (siehe Abb. 9).

$$\text{Kodierer-Reliabilität} = \frac{\text{Zahl der Kodierer * Übereinstimmenden Kodierurteile}}{\text{Zahl aller Kodierurteile}} = 0{,}9182$$

$$\text{Übereinstimmende Kodierurteile} = \text{Anzahl Kategorien * Anzahl Probanden - Anzahl "error"s} = 1572$$

$$\text{Zahl aller Kodierurteile} = \text{Anzahl Kategorien * Anzahl Probanden * Zahl der Kodierer} = 3424$$

Kateorien	107
Probanden	16
Kodierer	2
"error"s	140

Abbildung 9: Berechnung der Übereinstimmung der Kodierurteile nach Holsti[104]

102 Eigene Darstellung.
103 Vgl. Mayring (2010), S. 120.
104 Eigene Darstellung.

3.3.2 Auswertung des Fragebogens zur Markenpersönlichkeit

Bevor die eigentliche Untersuchung der Customer Journey in der Automobilbranche beginnen kann, muss zunächst die Entscheidung, Mini- und Mercedes-Kunden als Stichprobe zu wählen, bestätigt werden.

Der rein konzeptionell entwickelte Fragebogen zur Markenpersönlichkeit wurde mittels Mittelwertvergleiche ausgewertet. Ziel dieses Auswertungsverfahrens ist die Überprüfung eines Unterschieds der Mittelwerte zwischen zwei Gruppen[105], im Falle der Analyse der Customer Journey sind das die Gruppen Mini und Mercedes. Mit Hilfe von Excel wurde der Mittelwert jeder Markenpersönlichkeitsausprägung für die jeweilige Marke berechnet und mit dem Mittelwert der anderen Marke verglichen. In Form eines semantischen Differenzials sind die essentiellen Unterschiede in der Markenpersönlichkeit der beiden Marken erkennbar (siehe Abb. 10). Beispielhaft lässt sich hier die Ausprägung „pfiffig" nennen. Die Marke Mercedes ist laut Analyse von den Probanden als „wenig pfiffig", die Marke Mini demgegenüber als „sehr pfiffig" eingestuft worden. Diese deutlichen Unterschiede bestätigen die Annahme, dass die beiden Marken hinsichtlich ihrer Markenpersönlichkeit differenziert werden können und somit eine geeignete Grundlage für die Analyse der Customer Journey in der Automobilindustrie bilden.

[105] Vgl. Bortz und Döring (2006b), S. 153.

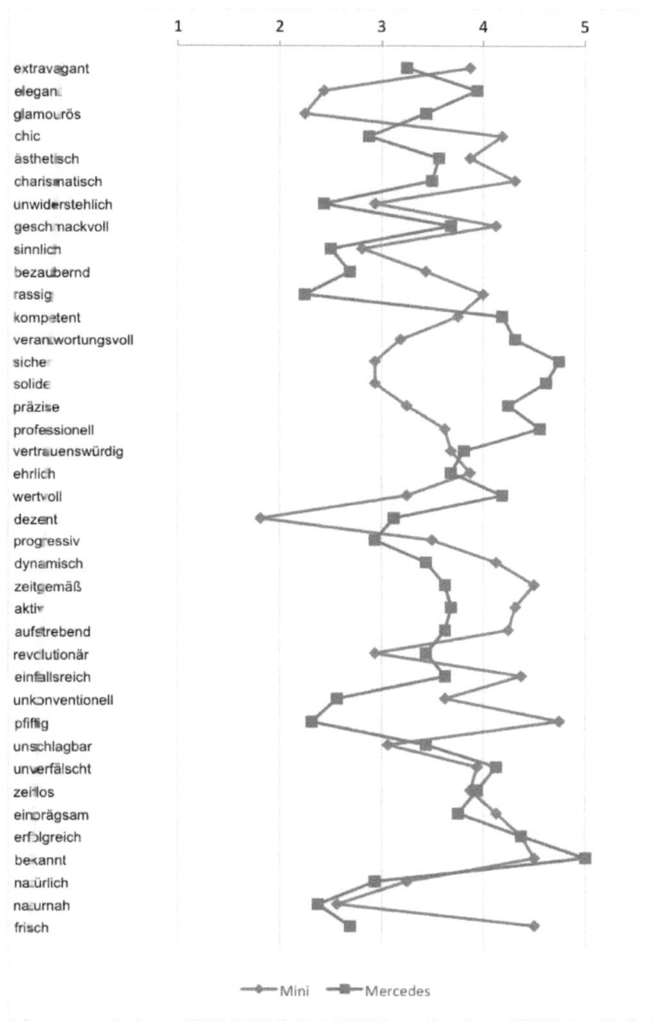

Erklärungen zur Grafik:

x-Achse:

- „1“ bedeutet „stimme überhaupt nicht zu“
- „5“ bedeutet „stimme voll und ganz zu“

y-Achse:

alle Markenpersönlichkeitsausprägungen nach Mäder

Abbildung 10: Auswertung der Markenpersönlichkeit der Marken Mini und Mercedes[106]

---

106 Eigene Darstellung.

3.3.3 Auswertung der qualitativen Interviews

Die Analyse der qualitativen Interviews zum Thema „Customer Journey in der Automobilbranche" ergab sowohl Gemeinsamkeiten aller Probanden, also Ergebnisse die sich auf die gesamte Automobilbranche beziehen, als auch markenspezifische Unterschiede. Diese Ergebnisse werden im Folgenden gesondert voneinander betrachtet und interpretiert.

3.3.3.1 Branchenbezogene Ergebnisse

Zu Beginn ist es notwendig zu erwähnen, dass zwölf von 16 Probanden bereits ein Folgeauto der jeweiligen Marke besitzen, also zwei oder mehrere Autos der Marke in der Vergangenheit erworben haben. Diese Prämisse signalisiert die Länge der Customer Journey, sprich wie lange die Beziehung zwischen Konsument und Marke bereits besteht. Proband 8 (P8) besaß beispielsweise *„schon vorher 14 Mercedes[-Wägen]"*, was auf eine lange Customer Journey dieses Probanden schließen lässt. Dies begründet sich nicht zuletzt in der Tatsache, dass einige Probanden mit der Marke zufrieden sind (fünf Nennungen), dieser Marke treu bleiben möchten (sieben Nennungen) und deshalb wieder ein Auto dieser Marke erwerben. Andere Gründe für die gezielte Markenwahl sind Ästhetik (fünf Nennungen) und zweckdienliche oder auch technische Vorteile (jeweils sechs Nennungen), die das Auto der Marke mit sich bringt. Einige Probanden entschieden sich auch aufgrund von Empfehlungen von Freunden, Familie oder Bekannten gewollt für eine Marke (vier Nennungen).

Aufbauend auf der ersten der fünf Phasen eines Autokaufes wurden die Probanden zunächst nach deren ersten bzw. prägenden Kontakt mit der Marke gefragt. Hier ergaben sich im allgemeinen Branchenkontext einige verschiedenartige Kontaktpunkte. Am häufigsten wurde die „Berührung mit dem Auto über Freunde/Familie/Bekannte" (sechs Nennungen) genannt, Proband 7 beschrieb den ersten Kontakt mit der Marke folgendermaßen: *"Der aller erste Kontakt war eigentlich ein Schulfreund meines Bruders, der ist damals schon Mini gefahren."* Darüber hinaus prägten die allgemeine Wahrnehmung des Autos auf der Straße (fünf Nennungen) oder Gespräche über die Marke (vier Nennungen) mehrfach die Markenwahl der Probanden.

Wie in 2.1.4 beschrieben, wird der Kaufentscheidungsprozess eines Autos durch ein Problem oder Bedürfnis ausgelöst. Ausschlaggebend für die Mehrheit der Probanden war der ungedeckte Bedarf. Unter anderem wurden individuelle Bedürfnisse (sechs Nennungen), der Auslauf des Leasingvertrags (vier Nennungen) oder ein entstandener Schaden bzw. Mangel des vorherigen Autos (vier Nennungen) als Grund für einen Neukauf angeführt.

Im Hinblick auf die Phase der Informationssuche und -verarbeitung wurde die Quellenauswahl der Probanden abgefragt. Das Internet war diesbezüglich die meist genutzte Quelle (13 Nennungen), gefolgt vom Händler an sich (zwölf Nennungen). Außerdem führten viele Probanden Gespräche mit Freunden/Familie/Bekannten über das Auto oder die Marke (neun Nennungen) und nutzten Printprodukte von Unternehmensseite, wie Kataloge, Prospekte oder Briefsendungen (acht Nennungen), um entscheidungsnützliche Informationen zu sammeln. Die Probanden wählten die Quellen grundsätzlich, weil diese für ihre Entscheidung relevant waren. Ein zusätzlicher, häufig genannter Grund, den Händler als Quelle zu wählen, war die persönliche Beziehung zwischen Kunde und Händler. Das Internet wurde von einigen Probanden als nützlich angesehen und deshalb als Quelle genutzt.

Die Phase der Alternativenbewertung und -auswahl stellt im Bezug auf die Customer Journey und die Erschließung der Touchpoints eine untergeordnete Rolle dar. Trotzdem wurden die Probanden der Vollständigkeit halber im kleinen Umfang dazu befragt. Sieben von 16 Probanden berücksichtigten ein Set verschiedener Alternativen, ein sogenanntes Evoked Set, bei der anstehenden Kaufentscheidung. Die anderen neun Probanden waren sich dagegen vorab schon sicher, welches Modell der Marke sie erwerben wollten. Des Weiteren wurde im Zuge der Abfrage dieser Phase erschlossen, weshalb der Kunde sich letztendlich für das jeweilige Modell entschieden hat. Gründe für die Wahl des Modells waren u. a. die Größe des Autos (acht Nennungen), Ästhetik und technische Eigenschaften (jeweils sechs Nennungen) sowie Komfort und die gegebene Ähnlichkeit zum vorherigen Auto (jeweils fünf Nennungen).

Diese Modellentscheidung führt im nächsten Schritt dazu die Kaufabsicht in die Tat umzusetzen. Die Analyse der „Phase des Kaufaktes“ (Phase 4) generiert einen der wichtigsten Touchpoints der Customer Journey, da sich der Konsument in dieser Phase aktiv für die Einkaufsstätte entscheidet. Von insgesamt 16 Probanden tätigten 13 den Autokauf konventionell über den Händler, nur drei Probanden erwarben ihr Auto über das Internet. Dies unterstützt die Aussage, dass der Autokauf in Deutschland vorrangig über Vertriebspartner getätigt wird und der Trend des Internetkaufs in der Automobilbranche erst langsam Einzug hält. Zusätzlich wurden die Probanden gefragt, ob sie theoretisch die Möglichkeit eines Internet- bzw. Werkskaufes oder einen Kauf über den Händler in Betracht ziehen. Für die drei Probanden, die über das Internet gekauft haben, würde auch ein Kauf beim Händler in Frage kommen. Zwei der 13 Probanden, die tatsächlich über den Händler gekauft haben, würden demgegenüber auch einen Kauf über das Internet in Betracht ziehen. Deutlich ist jedoch, dass die Mehrheit der Probanden (elf Nennungen) einen Kauf über das Internet ausschließt. Ein Kauf über das Werk wäre für drei Probanden eine Option, sieben Probanden lehnen dies jedoch ab.

Um die Wahl der Einkaufsstätte und damit die Wahl eines bedeutenden CTs zu verstehen, wurden die Probanden nach den Gründen für die Wahl der Einkaufsstätte gefragt. Der Händler wird überwiegend aufgrund der persönlichen Beziehung und der geographischen Nähe (jeweils acht Nennungen) gewählt. Das Internet hingegen hat aus Sicht der Konsumenten einen Kostenvorteil und wird aufgrund des niedrigeren, angebotenen Preises als Einkaufsstätte bestimmt. Die negative Wahrnehmung des Internetkaufs begründet sich laut der Datenanalyse in der Tatsache, dass der Kauf über das Internet als verhältnismäßig unsicher betrachtet wird. Der Einkauf über das Werk des Unternehmens wird aufgrund von erhöhtem Aufwand, der geographischen Distanz und der eingeschränkten Verfügbarkeit von bestimmten Wägen größtenteils abgelehnt.

Die Zufriedenheit mit der Kaufentscheidung wird als erster Bestandteil der Nachkaufphase analysiert. Alle Probanden waren mit ihrem Autokauf zufrieden, eine große Mehrheit brachte diese Zufriedenheit auch zum Ausdruck. Maßgeblich formulierten diese ihre Zufriedenheit im Freundes-, Familien- und Bekanntenkreis (15 Nennungen), wobei sieben Probanden aktiv und acht Probanden passiv[107] darüber sprachen. Vier Personen drückten ihre Zufriedenheit beim

[107] Passive Formulierung der Zufriedenheit meint, wenn der Autokauf im Gespräch mit anderen Personen zur Sprache gebracht wird und man aufgrund dessen seine Zufriedenheit ausdrückt.

Händler direkt aus, im Internet äußerten sich zwei Probanden zu ihrem Kauf positiv. Dieser Ausdruck der Zufriedenheit ist den indirekten CTs zuzuordnen.

Demgegenüber stehen die direkten CTs, die nach dem Kauf entstehen. Hierzu gehören der persönliche, der briefliche und der telefonische Kontakt mit dem Unternehmen sowie die Wahrnehmung von Werbung der jeweiligen Marke. Ein persönlicher Kontakt in Form von Inanspruchnahme von Serviceleistungen oder Reparaturen beim Händler entstand bei einer Mehrheit der Probanden (13 Nennungen). Zehn Probanden äußerten sich während des Interviews zu einem erfolgten, brieflichen Kontakt, wovon der überwiegende Teil der Probanden die Briefsendungen akzeptierte und positiv wahrnahm (sechs Nennungen). Lediglich zwei Probanden sprachen sich gegen Briefsendungen von Unternehmensseite aus. Proband 15 ist beispielsweise von Briefsendungen nicht überzeugt: "*Ja, das wandert regelmäßig ins Altpapier.*" Ebenfalls häufig entstand telefonischer Kontakt zwischen Konsument und Unternehmen, wie z.B. telefonische Kundenzufriedenheitsumfragen des Unternehmens (neun Nennungen). Die Werbung der jeweiligen Marke wurde nach dem Kauf von vielen Probanden (acht Nennungen) aktiv wahrgenommen, was einige (4 Nennungen) auf die gesteigerte Identifikation mit der Marke zurückführten.

Zu den indirekten CTs, die als dritter Bestandteil der Nachkaufphase analysiert wurden, zählen Gespräche und Erfahrungsaustausch mit Dritten sowie Wahrnehmung von Medienberichten über die Marke. 14 Probanden führten Gespräche über die Automarke oder das Auto an sich, wobei die eine Hälfte der Probanden aktiv und die andere Hälfte passiv darüber sprach. Weiterhin tauschten wenige (2 Nennungen) aktiv Erfahrungen mit der Marke mit anderen Kunden. Nur ein Proband hatte indirekten Medienkontakt über Dritte, in diesem speziellen Fall las der Proband einen Artikel in einer Autozeitschrift.

Mit Hilfe der visuellen Technik wurden die verschiedenen CTs hinsichtlich der Phasen des Kaufentscheidungsprozesses erneut untersucht. Nachdem der Proband alle für ihn relevanten Bilder den Phasen zugeordnet hatte, wurde er abschließend nach dem wichtigsten bzw. nützlichsten Kontaktpunkt der jeweiligen Phase gefragt. In Phase 1 (Bedürfnis- bzw. Problemerkennung) war der Kontaktpunkt des Word-of-Mouths (zehn Nennungen) ausschlaggebend. Für die Informationssuche und -verarbeitung war der Händler an sich für die meisten Probanden der wichtigste Kontakt (zehn Nennungen), gefolgt vom Internet mit sechs Nennungen. Wie oben bereits erläutert war in der Phase des Kaufaktes (Phase 4) der Händler als Einkaufsstätte von essenzieller Bedeutung. Die Mehrheit der Probanden bestimmte den Händler an sich und das Word-of-Mouth (jeweils zehn Nennungen) als die beiden wichtigsten Kontaktpunkte in der Nachkaufphase (Phase 5).

3.3.3.2 Markenspezifische Ergebnisse

Ein wichtiger Einflussfaktor für die weiteren Ergebnisse ist die Tatsache, dass alle Mercedes-Probanden bereits Bestandskunden der Marke Mercedes sind und mindestens schon das zweite Auto dieser Marke besitzen. Verglichen hierzu teilen sich die Mini-Kunden zur Hälfte in Bestands- und Neukunden auf. Mit diesem Hintergrundwissen ist es nachvollziehbar, dass die Mercedes-Kunden überwiegend aufgrund von Markentreue und Zufriedenheit ein Auto der Marke Mercedes erwarben (insgesamt 14 Nennungen). Mini-Kunden führten demgegenüber Ästhetik, zweckdienliche Vorteile und die Empfehlung der Marke über Freunde/Familie/Bekannte als Gründe für die Markenwahl auf (insgesamt 13 Nennungen). Hier wird bereits ein offenkundiger Unterschied im Hinblick auf die Customer Journey zwischen den beiden analysierten Marken deutlich.

Es zeigt sich außerdem, dass Mini-Kunden generell häufiger von einem prägenden Kontaktpunkt für die Markenwahl sprachen (15 vs. neun Nennungen). Einzig Mini-Kunden (fünf Nennungen) beschrieben ihren ersten Kontaktpunkt mit der Marke als eine einfache Berührung mit dem Auto auf der Straße, also wie Proband 7 schildert: *"[...] dann hat man die Minis auf den Straßen fahren sehen und da wusste ich, dass ich so Einen mal haben möchte."* Prägende Kontaktpunkte über Freunde/Familie/Bekannte wurden von Mini-Kunden auch verhältnismäßig häufiger genannt als von Mercedes-Kunden (sieben vs. drei Nennungen).

Ein weiterer Unterschied wurde in der Kategorie „Gründe für den Kauf eines neuen Autos“ aufgedeckt. Demnach kauften zwar alle Probanden hauptsächlich aufgrund eines ungedeckten Bedarfs ein neues Auto, Mini-Kunden wollten mit dem Kauf jedoch ihre individuellen Bedürfnisse decken. Dagegen erwarben Mercedes-Kunden eher ein neues Auto, weil eine von ihnen selbst festgelegte Frist überschritten wurde (jeweils 4 Nennungen). Proband 3 (Mercedes-Kunde) erklärte dies so: "*Ich wollte einfach ein neues Auto, weil ich das immer so gemacht habe, ca. nach fünf Jahren ein neues Auto zu kaufen.*"

In Bezug auf die Auswahl der Quellen fokussierten sich fast alle Mercedes-Kunden auf den Händler an sich (7 Nennungen) und die damit verbundene Probefahrt als Quelle. Im Verhältnis zu Mercedes-Kunden konzentrierten sich Mini-Kunden mehr auf Printmedien von Unternehmensseite und das Word-of-Mouth als Quellen (jeweils 5 Nennungen).

Die Wahl des Modells begründeten Mini-Kunden anhand mehrerer Kriterien. Für sie waren v. a. die Größe des Autos, die Ästhetik und die technischen Eigenschaften des Autos ausschlaggebend für die Kaufentscheidung. Bei der Auswertung der Antworten der Mercedes-Kunden ergab sich kein eindeutiges Bild. Während der Händler bei beiden Kundengruppen überwiegend als Einkaufsstätte gewählt wurde, sprachen sich v. a. Mercedes-Kunden gegen einen Internetkauf (sechs Nennungen) und einen Kauf über das Werk (fünf Nennungen) aus. Neben der persönlichen Beziehung zum Händler und dessen geographischer Nähe zum Kunden begründeten Mercedes-Kunden den Kauf beim Händler einerseits mit einem Kostenvorteil und argumentierten andererseits, dass sie mit dem Händler an sich zufrieden sind und deshalb den Einkauf (wieder) bei diesem Händler tätigen. Mini-Kunden hingegen kauften v. a. beim Händler, weil dieser ihnen einen Servicevorteil bietet.

Hinsichtlich der Nachkaufphase können weitere markenspezifische Unterschiede festgestellt werden. Zum einen formulieren Mini-Kunden ihre Zufriedenheit vorwiegend aktiv im Freundes-/Familien- oder Bekanntenkreis und sind zum anderen die Kunden, die die Plattform Internet zur Formulierung der Zufriedenheit nutzten. Im Gegensatz dazu nutzte kein Mercedes-Proband das Internet und drückte seine Zufriedenheit v.a. nur passiv im Gespräch aus. Proband 8 ist hierfür ein geeignetes Beispiel: "*Ich tu' das jetzt nicht direkt, aber wenn mich jemand fragt schon.*"

Direkte CTs sind bei beiden Gruppen in Form von persönlichem, telefonischem oder brieflichem Kontakt entstanden, Mercedes-Kunden haben jedoch im Bezug auf Briefsendungen vom Unternehmen eine negativere Meinung als Mini-Kunden. Mini-Kunden führten den direkten Touchpoint in Form von Werbung während der Befragung häufiger auf als Mercedes-Kunden (sechs vs. drei Nennungen), denn Mini-Kunden identifizieren sich mehr mit der Marke (drei Nennungen) und nehmen die Werbung aufgrund dessen stärker wahr.

3.4 Zusammenfassung der Studienergebnisse

Zusammenfassend lässt sich über die Customer Journey in der Automobilindustrie sagen, dass der Händler über alle Phasen des Kaufentscheidungsprozesses hinweg eine hohe Bedeutung für den Kunden hat. Wie oben schon erläutert, entscheidet sich die Mehrheit der Kunden für die konventionelle Art ein Auto zu erwerben und sucht hierfür den Händler auf. Grundsätzlich ist die persönliche Beziehung zum Händler ein wichtiges Kriterium, weshalb der Autokauf immer noch beim Händler getätigt wird. Zusätzlich wird der Händler auch als Informationsquelle mit am häufigsten gewählt.

In der markenspezifischen Betrachtung fällt auf, dass Mini-Kunden sich sowohl bei der anfänglichen Markenwahl als auch in der Phase des Nachkaufes stark auf das Word-of-Mouth konzentrieren. Sie entscheiden sich häufiger aufgrund von Empfehlungen für die Marke als Mercedes-Kunden, zudem haben Kontaktpunkte mit der Marke über Freunde/Familie/Bekannte mehr Einfluss auf ihre Kaufentscheidung und sind auch in der Phase nach dem Kauf für Mini-Kunden die wichtigsten Kontaktpunkte. Die Berührung mit der Marke „über die Straße" hat viele Kunden von der Marke Mini überzeugt, wohingegen der Mercedes-Kunde eher aufgrund generationsbedingter Markentreue wiederholt ein Auto der Marke erwirbt. Außerdem wird die Möglichkeit einer Probefahrt zur Informationsgewinnung von vielen Mercedes-Kunden sehr geschätzt.

Somit kann grundsätzlich festgehalten werden, dass sowohl der Händler als auch das Word-of-Mouth wichtige CTs der Automobilbranche sind.

3.5 Limitationen

Im Zuge dieser Arbeit ergaben sich einige Limitationen der qualitativen Studie zur Customer Journey in der Automobilindustrie. Da die Mehrheit der Probanden aus eher ländlichen Regionen stammt und zudem alle Probanden im oberbayrischen Raum rekrutiert wurden, können manche Ergebnisse verzerrt dargestellt werden. Eine leicht ungleichmäßige Alters- sowie Geschlechterverteilung der beiden Zielgruppen könnte die Ergebnisse zudem verfälschen. Eine weitere, durch den Interviewverlauf bedingte Limitation ist die Beeinflussung des Probandenverhaltens im dritten und visuellen Teil der Befragung. Hier besteht die Möglichkeit, dass der Proband während der Aufgabenbearbeitung an das vorangegangene, mündliche Interview denkt und keine weiteren Impulse mehr setzt.

Der Fokus der zugrundeliegenden Arbeit lag auf dem tatsächlichen Autokauf und der Phasen der Kaufentscheidung. Aus Komplexitätsgründen wurde daher die Customer Journey nach dem Kauf (bspw. der After-Sales-Service oder die Nutzung des Autos) in der Untersuchung vernachlässigt. Diese sollte jedoch bei noch tiefergehenden Analysen durchaus in Betracht gezogen werden, um einen allumfassenderen Einblick in die Customer Journey zu erlangen.

4 Implikationen für Forschung und Praxis

In Bezug auf die zukünftige Forschung im Bereich der Customer Journey ist es von essentieller Bedeutung die verschiedenen CTs der jeweiligen Branche zu verstehen und zu analysieren. Nur mit einer neu gewonnen Erkenntnis über diese Kontaktpunkte kann das Konzept der Customer Journey kontinuierlich an wissenschaftlicher Bedeutung gewinnen.

Auch Unternehmen sollten nicht zuletzt aufgrund der steigenden Komplexität und der Proliferation von digitalen Kanälen[108] beständig an der Erhebung der für sie spezifischen Kontaktpunkte arbeiten. Die in dieser Arbeit erfolgte Analyse der Customer Journey in der Automobilindustrie gibt einen grundlegenden Aufschluss über die Wichtigkeit der CTs. Die enorme Relevanz des Händlers in allen Phasen des Kaufentscheidungsprozesses eines Kunden impliziert eine vom Unternehmen aus organisierte Ausbildung dieser Vertragshändler. Um eine vollständige Kontrolle der Customer Journey gewährleisten zu können, bedarf es aus Unternehmenssicht einer lückenlosen Bearbeitung des Touchpoints „Händler“. Eine Eingliederung aller Händler in die Corporate Identity scheint hier unabdingbar. Da viele Probanden den persönlichen Kontakt zum Händler schätzen, sollten die Berater der Autohäuser gezielt auf Kundenorientierung und hinsichtlich des Aufbaus einer persönlichen Beziehung zum Kunden geschult werden. Aufgrund der Tatsache, dass einige Mini-Kunden das Auto aufgrund einer Weiterempfehlung der Marke gekauft haben, sollte v.a. die Marke Mini verstärkt auf Empfehlungsmarketing setzen.

Insgesamt lässt sich jedoch zusammenfassen, dass sowohl die Marke Mini als auch die Marke Mercedes die Customer Journey als Ganzes betrachten und analysieren müssen. Folglich sollten die Unternehmen alle CTs managen und sowohl detailliert als auch kontinuierlich mit den gleichen Inhalten gestalten.[109] Nur eine klare Positionierung an allen Kontaktpunkten, an denen der Kunde mit dem Unternehmen in Interaktion tritt, schafft einen hohen Gewinn, in Form von

[108] Vgl. McNeal (2013), S. 42.
[109] Vgl. Esch et al. (2010), S. 8; Hefner (2010), S. 29; Rawson et al. (2013), S. 3.

höherer Kundenzufriedenheit, verringerter Kundenfluktuation und Umsatzsteigerung, für das Unternehmen.[110]

[110] Vgl. Rawson et al. (2013), S. 4.

Anhang

Anhang 1: Interviewleitfaden

Interview im Rahmen der Bachelorarbeit,
einzureichen am Institut für Marketing,
Lehrstuhl Univ.-Prof. Dr. Anton Meyer

Interviewleitfaden

"Customer Journey in der Automobilbranche - Eine Analyse vor dem Hintergrund der Markenpersönlichkeit"

Begrüßung:

Lieber Teilnehmer,

Es freut mich sehr, dass Sie sich bereit erklärt haben, an dieser Studie teilzunehmen.

Mein Name ist Nicole Boehm und ich bin ihr heutiger Interviewpartner. Ich studiere BWL an der Ludwig-Maximilians-Universität München derzeit im Rahmen meiner Bachelorarbeit eine Studie zum Thema „Customer Journey in der Automobilindustrie - eine Analyse vor dem Hintergrund der Markenpersönlichkeit" durch.

Ziel dieser Studie:

*Das Ziel dieser Studie ist es, die **Customer Journey in der Automobilindustrie zu untersuchen**. Es werden stellvertretend für die Branche zwei divergente Marken genauer analysiert. Zu Beginn möchte ich Ihnen für ihr Verständnis eine Definition der Customer Journey geben:*

Der Begriff der „Customer Journey" bezeichnet die „Reise des Kunden" über verschiedene Kontaktpunkte (CTs) mit einem Produkt, einer Marke oder einem Unternehmen. Die damit verbundenen CTs sind „alle Berührungspunkte einer Marke mit dem Kunden, die [...] Eindrücke zu dieser vermitteln und dadurch das Markenbild sowie die Markenpräferenzen prägen".

Organisatorisches:

*Bevor wir mit dem Interview beginnen, möchte ich Sie noch fragen, ob Sie damit einverstanden sind, dass wir das Interview zur Dokumentation **mit einem Diktiergerät** aufzeichnen. Die Speicherung hilft mir sehr, die Ergebnisse später detailliert auswerten zu können. Die Aufnahme wird selbstverständlich vertraulich behandelt.*

*Bevor wir inhaltlich beginnen, möchte ich Sie noch darauf aufmerksam machen, dass es in diesem Interview, um Ihre **persönliche Erfahrungen** geht. Antworten Sie bitte offen. Es gibt keine richtigen oder falschen Antworten!*

Einleitende Fragen:

- Wann genau haben Sie ihr Auto gekauft?
- Ist das Auto das erste dieser Marke?

Teil 1, ungestützte Befragung:

- Denken Sie an ihren letzten Autokauf (Mini / Mercedes)! Bitte schildern Sie mir den **Verlauf des Kaufprozesses**. Wo und wann sind Sie mit der Marke in Kontakt getreten?

[Hinweis: Der Kaufprozess beginnt mit der Bedürfniserkennung und endet erst mit der Nachkaufphase]

Teil 2, Konkretisierung des Kaufprozesses:

Im Folgenden werden wir auf den von Ihnen beschriebenen Kaufprozess genauer eingehen. Der Autokauf wird in der Theorie in 5 verschiedene Phasen eingeteilt.
Wir beginnen mit...

Phase 1, Problem- bzw. Bedürfniserkennung

- Was war ausschlaggebend für die Entscheidung, sich ein **neues Auto der Marke Mini / Mercedes** anzuschaffen?

  a.) *Entstandener Mangel, negative Veränderung des bisherigen Zustandes*

  - Warum haben Sie sich dann gerade für die Marke x entschieden?
  - Hat ein bestimmter Kontakt zur Marke ihre Meinung geprägt?
  - Wie sah ihre erste Berührung mit der Marke aus?

  b.) *Neue Möglichkeiten, positive Veränderung des Idealzustandes (bspw. neues Modell auf dem Markt)*

  - Wie haben Sie davon erfahren? / Warum?
  - War ein bestimmter Kontakt zur Marke dafür entscheidend?

*[Wichtig: **Laddering Technique** anwenden! → Ziel: Kontaktpunkte in Erfahrung bringen!]*

Phase 2, Informationssuche und -verarbeitung

Nach dieser Phase haben Sie fest beschlossen, sich ein neues Auto anzuschaffen.

- Wie haben Sie sich im nächsten Schritt über die verschiedenen Angebote **informiert**?
- Welche **Quellen** haben Sie zur Entscheidungsfindung herangezogen?
  [mögliche Antworten: Website, Social Media, Katalog, Meinungen von Familie und Freunde, Werbung, etc.]
  - Warum haben sie sich für diese(n) Quelle(n) entschieden? Welche Vorteile hat(haben) diese Quelle(n) für Sie?
  - Waren diese Quellen nützlich für ihre Entscheidungsfindung?
  - Welche Quellen waren für Sie am nützlichsten?
- Warum haben Sie Quelle / Kontaktpunkt x **nicht genutzt**?
  [Mit Auflistung der Touchpoints abgleichen und nicht Genannte abfragen!]

Phase 3, Alternativenbewertung und -auswahl

- Haben Sie nach der ausführlichen Informationssuche eine **engere Auswahl** an möglichen Modelle/Marken getroffen? Wenn ja, welche?

[Hinweis: Diese Phase zielt nicht auf Touchpoints ab, deswegen kein Fokus auf diese Phase gelegt!]

Phase 4, Phase des Kaufaktes

*Nach der Alternativenbewertung haben Sie aus ihrer **Vorauswahl** ein bestimmtes Modell gewählt.*

- Für **welches Modell** haben sie sich entschieden?
  - Was war ausschlaggebend für ihre Entscheidung für dieses Modell? Was gefällt Ihnen an ihrem Auto besonders gut?

*Nachdem Sie sich für ein Modell entschieden haben, mussten Sie eine **geeignete Einkaufsstätte** bestimmen.*

- **Auf welchem Wege** haben Sie sich für die Kaufstätte entschieden?
- Welche **Einkaufstätte** haben Sie gewählt?
  [mögliche Antworten: Vertriebshändler, Werk, Internet, etc.]
  - **Warum** haben Sie sich dafür entschieden? Welche Vorteile hat diese Einkaufsstätte für Sie?
  - Würde auch ein **Kauf übers Internet** in Frage kommen?
    - Wenn ja, wieso? Welche Vorteile hätte das für Sie?
  - Würde eine andere, sonstige Einkaufstätte für Sie in Frage kommen?
    - Wenn ja, welche? Wieso? Welche Vorteile hätte das für Sie?

Phase 5, Nachkaufphase

Sie haben also dann tatsächlich ein Auto erworben, jetzt steigen wir in die Phase nach dem Kauf ein.

- Waren sie mit ihrer Entscheidung **zufrieden**?
  - Wenn **ja**, warum waren Sie mit ihrer Entscheidung zufrieden? Hat das Produkt ihre Erwartungen erfüllt?
  - Haben Sie ihre Zufriedenheit **zum Ausdruck gebracht**?
    - Wenn ja, wie sah das aus?
      [Mögliche Antwortmöglichkeiten: Bekannten davon erzählen, Beiträge in Foren erstellt, etc.]
    - Welche **Kanäle** haben Sie dafür genutzt?
    - Wenn nein, würden Sie das Auto weiterempfehlen? Wie würde das aussehen? (optional)

  - Wenn **nein**, warum sind sie mit ihrer Entscheidung unzufrieden?
  - Was war der **Grund** für ihre Unzufriedenheit?
  - Haben Sie ihre Unzufriedenheit **zum Ausdruck gebracht**?
    - Wenn ja, wie sah das aus?
      [Mögliche Antwortmöglichkeiten: Reklamationen, Beschwerde, Negative Mundpropaganda, etc.]

- Welche **Kanäle** haben Sie dafür genutzt?
- Wenn nein, würden Sie ihre Unzufriedenheit grundsätzlich zum Ausdruck bringen wollen? Wie würde das aussehen? (optional)

- Hatten Sie nach dem Kauf **Kontakt zum Unternehmen**? (bspw. Briefverkehr, Kontakt zum Händler, Reparaturen, Serviceleistungen, Werbung der jeweiligen Marke etc.)
  - Wenn ja, in welcher Form ist der Kontakt entstanden?
  - Wenn nein, weiter mit nächster Frage.

- Hatten Sie auch **indirekten Kontakt** mit der Marke?
  [Hinweis: Von indirekten Kontaktpunkten spricht man, wenn keine direkte Einflussnahme durch das Unternehmen gegeben ist. Der Kontakt mit der Marke erfolgt über Dritte, z.B. durch Medienberichte oder im Erfahrungsaustausch mit anderen Kunden (Word-of-Mouth)]
  - Wenn ja, in welcher Form ist der Kontakt entstanden?
  - Wenn nein, nächster Teil.

Teil 3, Customer Journey in Bildern:

Hier sind die fünf Phasen eines Autokaufes nochmal visuell für Sie dargestellt. Ich würde Sie nun darum bitten, alle für Sie relevanten Touchpoints / Kotaktpunkte der jeweiligen Phase zuzuordnen. Wichtig ist hierbei, sich darüber Gedanken zu machen wann Sie welchen Kontaktpunkt genutzt haben. Sie können einen Kontaktpunkt mehreren Phasen zuordnen und auch Kontaktpunkte weglassen, wenn Sie diese in keiner Phase verwendet haben.

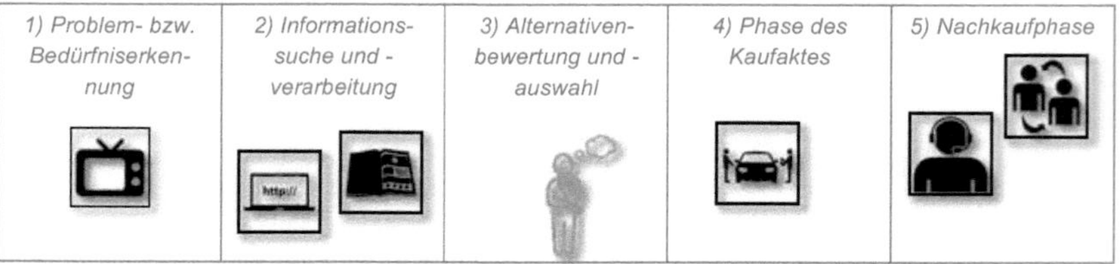

Beispielhafte Skizze

[Die kommenden Fragen für jede Phase stellen!]

- Können Sie die Kontaktpunkte der Phase x in eine Reihenfolge bringen? Haben Sie einen Kontaktpunkt als erstes genutzt?
  - Wenn ja, welchen? Wieso war dieser Kontaktpunkt der von Ihnen Erstgewählte?
  - Wenn nein, haben Sie alle Kontaktpunkte parallel genutzt? Gab es einen Kontaktpunkt der Ihnen besonders geholfen hat?

Verabschiedung

Von meiner Seite wären wir mit dem Interview jetzt durch. Möchten Sie noch etwas Abschließendes zu dieser Thematik sagen?

Vielen Dank für die Teilnahme am Interview und den vielen konstruktiven Beiträgen.

Auflistung und Beschreibung der Touchpoints:

Klassische Werbung (TV, Radio, Print)

Social Media (Facebook, Twitter, Instagram, YouTube, etc.)

Internet (Suchmaschinen, Unternehmenswebsite, Foren, etc.)

Print von Unternehmensseite (Katalog, Briefverkehr, etc.)

Händler, Persönliche Beratung, Serviceleistungen, etc.

Service (Call-Center, unternehmenseigene Chatrooms, etc.)

WOM (Gespräche mit Freunden / Bekannten, Erfahrungsaustausch, etc.)

Anhang 2: Visuelle Technik der Befragung

5 Phasen des Autokaufs:

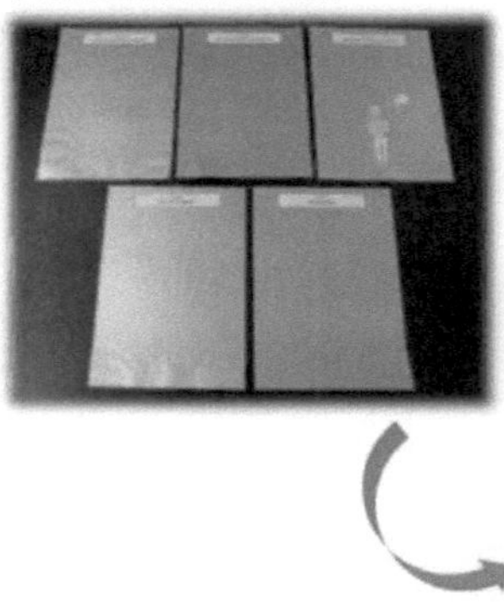

7 ausgewählte Customer Touchpoins:

Beispielhafte Customer Journey von Proband 8 (Mercedes):

Anhang 3: Fragebogen zur Markenpersönlichkeit

Seite 1

Fragebogen

Bitte kreuzen Sie Zutreffendes an! Danke für Ihre Teilnahme!

stimme überhaupt nicht zu — stimme voll und ganz zu

Die Marke **MINI** ist...

...extravagant.	☐	☐	☐	☐	☐
...elegant.	☐	☐	☐	☐	☐
...glamourös.	☐	☐	☐	☐	☐
...chic.	☐	☐	☐	☐	☐
...ästhetisch.	☐	☐	☐	☐	☐
...charismatisch.	☐	☐	☐	☐	☐
...unwiderstehlich.	☐	☐	☐	☐	☐
...geschmackvoll.	☐	☐	☐	☐	☐
...sinnlich.	☐	☐	☐	☐	☐
...bezaubernd.	☐	☐	☐	☐	☐
...rassig.	☐	☐	☐	☐	☐
...kompetent.	☐	☐	☐	☐	☐
...verantwortungsvoll.	☐	☐	☐	☐	☐
...sicher.	☐	☐	☐	☐	☐
...solide.	☐	☐	☐	☐	☐
...präzise.	☐	☐	☐	☐	☐
...professionell.	☐	☐	☐	☐	☐
...vertrauenswürdig.	☐	☐	☐	☐	☐
...ehrlich.	☐	☐	☐	☐	☐
...wertvoll.	☐	☐	☐	☐	☐
...dezent.	☐	☐	☐	☐	☐
...progressiv.	☐	☐	☐	☐	☐
...dynamisch.	☐	☐	☐	☐	☐
...zeitgemäß.	☐	☐	☐	☐	☐
...aktiv.	☐	☐	☐	☐	☐
...aufstrebend.	☐	☐	☐	☐	☐
...revolutionär.	☐	☐	☐	☐	☐
...einfallsreich.	☐	☐	☐	☐	☐
...unkonventionell.	☐	☐	☐	☐	☐
...pfiffig.	☐	☐	☐	☐	☐

Mercedes-Benz

stimme überhaupt nicht zu — stimme voll und ganz zu

Die Marke **Mercedes** ist...

...extravagant.	☐	☐	☐	☐	☐
...elegant.	☐	☐	☐	☐	☐
...glamourös.	☐	☐	☐	☐	☐
...chic.	☐	☐	☐	☐	☐
...ästhetisch.	☐	☐	☐	☐	☐
...charismatisch.	☐	☐	☐	☐	☐
...unwiderstehlich.	☐	☐	☐	☐	☐
...geschmackvoll.	☐	☐	☐	☐	☐
...sinnlich.	☐	☐	☐	☐	☐
...bezaubernd.	☐	☐	☐	☐	☐
...rassig.	☐	☐	☐	☐	☐
...kompetent.	☐	☐	☐	☐	☐
...verantwortungsvoll.	☐	☐	☐	☐	☐
...sicher.	☐	☐	☐	☐	☐
...solide.	☐	☐	☐	☐	☐
...präzise.	☐	☐	☐	☐	☐
...professionell.	☐	☐	☐	☐	☐
...vertrauenswürdig.	☐	☐	☐	☐	☐
...ehrlich.	☐	☐	☐	☐	☐
...wertvoll.	☐	☐	☐	☐	☐
...dezent.	☐	☐	☐	☐	☐
...progressiv.	☐	☐	☐	☐	☐
...dynamisch.	☐	☐	☐	☐	☐
...zeitgemäß.	☐	☐	☐	☐	☐
...aktiv.	☐	☐	☐	☐	☐
...aufstrebend.	☐	☐	☐	☐	☐
...revolutionär.	☐	☐	☐	☐	☐
...einfallsreich.	☐	☐	☐	☐	☐
...unkonventionell.	☐	☐	☐	☐	☐
...pfiffig.	☐	☐	☐	☐	☐

Seite 2

Die Marke **MINI** ist...

	stimme überhaupt nicht zu				stimme voll und ganz zu
...unschlagbar.	☐	☐	☐	☐	☐
...unverfälscht.	☐	☐	☐	☐	☐
...zeitlos.	☐	☐	☐	☐	☐
...einprägsam.	☐	☐	☐	☐	☐
...erfolgreich.	☐	☐	☐	☐	☐
...bekannt.	☐	☐	☐	☐	☐
...natürlich.	☐	☐	☐	☐	☐
...naturnah.	☐	☐	☐	☐	☐
...frisch.	☐	☐	☐	☐	☐

Die Marke **Mercedes** ist...

	stimme überhaupt nicht zu				stimme voll und ganz zu
...unschlagbar.	☐	☐	☐	☐	☐
...unverfälscht.	☐	☐	☐	☐	☐
...zeitlos.	☐	☐	☐	☐	☐
...einprägsam.	☐	☐	☐	☐	☐
...erfolgreich.	☐	☐	☐	☐	☐
...bekannt.	☐	☐	☐	☐	☐
...natürlich.	☐	☐	☐	☐	☐
...naturnah.	☐	☐	☐	☐	☐
...frisch.	☐	☐	☐	☐	☐

Literaturverzeichnis

Aaker, J. (1997). Dimensions of brand personality. *Journal of marketing research*, 346-356.

Aaker, J., Benet-Martínez, V., & Garolera, J. (2001). Consumption symbols as carriers of culture: A study of Japanese and Spanish brand personality constructs. *Journal Of Personality And Social Psychology, 81*(3), 492-508.

Alt, M., & Griggs, S. (1988). Can a brand be cheeky? *Marketing Intelligence & Planning, 6*(4), 9-16.

Arndt, J. (1967). Word-of-mouth advertising and informal communication. In D. Cox (Ed.), *Risk taking and information handling in consumer behaviour* (pp. 291-295). Boston: Harvard University.

Bauer, H. H., Mäder, R., & Huber, F. (2002). Markenpersönlichkeit als Determinante von Markenloyalität. *Zeitschrift für betriebswirtschaftliche Forschung, 54(12),* 687-709.

Beatty, S. E., & Smith, S. M. (1987). External Search Effort: An Investigation Across Several Product Categories. *Journal of consumer research, 14*(1), 83-95.

Biel, A. L. (2001). Grundlagen zum Markenwertaufbau. In F. R. Esch (Ed.), *Moderne Markenführung* (Vol. 3, pp. 61-90). Wiesbaden: Gabler Verlag.

Bortz, J., & Döring, N. (2006a). Qualitative Methoden *Forschungsmethoden und Evaluation* (pp. 295-350). Berlin Heidelberg: Springer.

Bortz, J., & Döring, N. (2006b). Quantitative Methoden der Datenerhebung *Forschungsmethoden und Evaluation* (pp. 138-293). Berlin Heidelberg: Springer.

Bruhn, M., & Ahlers, G. M. (2007). Customer Touch Points - Aufgaben und Vorgehensweise einer Multi-Channel Communication *Handbuch Multi-Channel-Marketing* (pp. 393-427). Wiesbaden.

Deutsches Patent- und Markenamt. (2013). DPMA Jahresbericht 2013. München.

DoubleClick, I. (2006). DoubleClick Touchpoints IV: How Digital Media Fit into Consumer Purchase Decisions (pp. 1-10).

Dudenhöffer, K. (2012). Internet als Neuwagen-Vertriebskanal *Zukünftige Entwicklungen in der Mobilität* (pp. 355-366). Gabler Verlag.

Edelman, D. C. (2010). Branding in the digital age. *Harvard Business Review, 88*(12), 62-69.

Edmunds, A., & Morris, A. (2000). The problem of information overload in business organisations: a review of the literature. *International Journal Of Information Management, 20*(1), 17-28.

Esch, F. R., Brunner, C., Gawlowski, D., Knörle, C., & Krieger, K. H. (2010). Customer Touchpoints marken- und kudenspezifisch managen. *Marketing Review St. Gallen, 27*(2), 8-13.

Flick, U. (2010). *Qualitative Sozialforschung - eine Einführung.* Reinbek bei Hamburg: Rowohlt-Taschenbuch-Verlag.

Flocke, L., & Holland, H. (2014). Die Customer Journey Analyse im Online Marketing *Dialogmarketing Perspektiven 2013/2014* (pp. 213-242): Springer Fachmedien Wiesbaden.

Fournier, S. (1998). Consumers and their brands: developing relationship theory in consumer research. *Journal of consumer research, 24*(4), 343-353.

Freling, T. H., & Forbes, L. P. (2005). An empirical analysis of the brand personality effect. *Journal of Product & Brand Management, 14*(7), 404-413.

Gaiser, B. (2011). Aufgabenbereiche und aktuelle Problemfelder der Markenführung *Brand Evolution* (pp. 3-21): Gabler.

Gensler, S., Verhoef, P. C., & Böhm, M. (2012). understanding consumers' multichannel choices across the different stages of the buying process. *Marketing Letters, 23*(4), 987-1003.

Goldberg, L. R. (1990). An alternative "description of personality": The Big-Five factor structure. *Journal Of Personality And Social Psychology, 59*(6), 1216-1229.

Göttgens, O., & Böhme, T. (2005). Strategische Bedeutung des Markenwertes. *Zeitschrift für die gesamte Wertschöpfungskette der Automobilwirtschaft, 8*(1), 44-50.

Graf, A. (2008). *Geschäftsmodelle im europäischen Automobilvertrieb*: Springer Fachmedien.

Hattula, M. (2009). Konstrukt der Markenpersönlichkeit. Kontextabhängige Konzeptualisierung der Markenpersönlichkeit: Eine empirische Analyse am Beispiel des deutschen Automobilmarktes. 8-49.

Hefner, E. M. (2010). Mit dem Kunden zum Erfolg - Customer Touchpoint Management als Strategie. *Marketing Review St. Gallen, 27*(2), 27-31.

Herrmann, A. (1992). *Produktwahlverhalten: Erläuterung und Weiterentwicklung von Modellen zur Analyse des Produktwahlverhaltens aus marketingtheoretischer Sicht*. Stuttgart: Schäffer-Poeschel.

Holland, H. (2009). Kundenbindungsmanagement in der Automobilbranche *Kundenorientierte Unternehmensführung* (pp. 561-575): Gabler Verlag.

Holland, H., & Flocke, L. (2014). Customer-Journey-Analyse - Ein neuer Ansatz zur Optimierung des (Online-) Marketing-Mix *Digitales Dialogmarketing*. Springer Fachmedien Wiesbaden.

Holton, A. E., & Chyi, H. (2012). News and the Overloaded Consumer: Factors Influencing Information Overload Among News Consumers. *Cyberpsychology, Behavior & Social Networking, 15*(11), 619-624.

Hopf, C. (2004). Qualitative Interviews – ein Überblick. In U. Flick, E. von Kardoff & I. Steinke (Eds.), *Qualitative Forschung. Ein Handbuch* (pp. 349-360). Reinbeck bei Hamburg: Rowohlt.

Kilian, K. (2011). Das Konstrukt Markenpersönlichkeit und seine Dimensionen. *Determinanten der Markenpersönlichkeit* (pp. 25-57): Gabler.

Kotler, P. (2007). *Grundlagen des Marketing* (Vol. 4): Pearson Studium.

Kuß, A., & Kleinaltenkamp, M. (2011). Grundzüge des Käuferverhaltens *Marketing-Einführung* (pp. 57-92). Gabler Verlag.

Lamnek, S. (2010). *Qualitative Sozialforschung*. Weinheim [u.a.]: Beltz.

Lee, B., & Lee, W. (2004). The Effect of Information Overload on Consumer Choice Quality in an On-Line Environment. *Psychology & Marketing, 21*(3), 159-183.

Liersch, A. (2012). Theoretische Grundlagen und Entwicklung des Bezugsrahmens. *Neukundengewinnung durch Dialogkommunikation* (pp. 22-103): Gabler Verlag.

Mäder, R. (2005). *Messung und Steuerung von Markenpersönlichkeit: Entwicklung eines Messinstruments und Anwendung in der Werbung mit prominenten Testimonials*: Gabler.

Mangiaracina, R., Brugnoli, G., & Perego, A. (2009). The eCommerce Customer Journey: A Model to Assess and Compare the User Experience of the eCommerce Websites. *Journal of Internet Banking and Commerce, 14*(3), 1-11.

Mayring, P. (2002). *Einführung in die qualitative Sozialforschung* (Vol. 5., aktualisierte und überarb. Auflage). Weinheim [u.a.]: Beltz.
Mayring, P. (2010). *Qualitative Inhaltsanalyse: Grundlagen und Techniken* (Vol. 11. , aktualisierte und überarb. Aufl.). Weinheim [u.a.]: Beltz.
McNeal, M. (2013). A never-ending journey. *Markting Insights, 25*(3), 40-47.
Meffert, H., Burmann, C., & Kirchgeorg, M. (2011). *Marketing - Grundlagen marktorientierter Unternehmensführung* (Vol. 11. Auflage): Gabler Verlag.
Meyer, A., & Davidson, J. H. (2001). *Offensives Marketing: gewinnen mit POISE: Märkte gestalten, Potenziale nutzen*: Haufe-Mediengruppe.
Oliver, J. D., & Lee, S. H. (2010). Hybrid car purchase intentions: a cross-cultural analysis. *Journal of Consumer Marketing, 27*(2), 96-103.
Rawson, A., Duncan, E., & Jones, C. (2013). The truth about customer experience. *Harvard Business Review, 91*(9), 90-98.
Riemenschneider, M. (2006). *Der Wert von Produktvielfalt: Wirkung großer Sortimente auf das Verhalten von Konsumenten*: Springer Verlag.
Schindler, N. (2008). Markenpersönlichkeit. *Die Rolle der Markenpersönlichkeit für die kommunikative Führung einer Marke* (pp. 25-42).
Trommsdorff, V. (2009). *Konsumentenverhalten*: W. Kohlhammer Verlag.
Valentini, S., Montaguti, E., & Neslin, S. (2011). Decision Process Evolution in Customer Channel Choice. *Journal of Marketing, 75*(6), 72-86.
Waller, G., Süss, D., & Bircher, M. (2007). Die Markenpersönlichkeit als psychologischer Faktor der Markenwirkung. Hochschule für Angewandte Psychologie: Zürich.
Weisser, J. (2012). Konsumentenverhalten bei extensiven Kaufentscheidungen. *Pfand und Anreizsystem* (pp. 58-83): Gabler Verlag.
Zomerdijk, L. G., & Voss, C. A. (2010). Service design for experience-centric services. *Journal of Service Research, 13*(1), 67-82.

FSC
www.fsc.org